U0944410

信息科学技术学术著作丛书

不确定多属性群决策方法及其应用

李艳玲　张旭荣　殷新丽　臧翰林　著

科学出版社

北京

内 容 简 介

本书围绕不确定多属性群决策问题展开研究，重点对将群决策方法移植到灰色关联、D-S 证据理论、层次分析法等方法中涉及的不确定信息处理、专家权重调整、专家个体偏好信息的集结，以及集结效果的检验或方法结果的合理性对比分析、基于混合信息的多属性群决策等问题进行研究。在介绍国内外该方向研究进展的基础上，重点介绍作者在基于灰色关联和 D-S 证据理论的多属性群决策方法、基于群体层次分析法的指标权重求解方法、基于区间直觉模糊数和混合信息的不确定多属性群决策方法，以及不确定多属性群决策在武器装备论证决策中的应用等方面的研究成果。

本书可为经济、管理、军事，以及工程技术领域的决策行为提供有益的启发和参考，可供相关的科研工作人员、本科生、研究生学习和研究使用。

图书在版编目（CIP）数据

不确定多属性群决策方法及其应用 / 李艳玲等著. —北京：科学出版社，2021.1

(信息科学技术学术著作丛书)

ISBN 978-7-03-066202-6

Ⅰ. ①不…　Ⅱ. ①李…　Ⅲ. ①群体决策-研究　Ⅳ. ①C93

中国版本图书馆 CIP 数据核字（2020）第 181893 号

责任编辑：魏英杰 / 责任校对：杨　然

责任印制：吴兆东 / 封面设计：铭轩堂

科学出版社 出版

北京东黄城根北街 16 号

邮政编码：100717

http://www.sciencep.com

北京中石油彩色印刷有限责任公司 印刷

科学出版社发行　各地新华书店经销

*

2021 年 1 月第 一 版　开本：720 × 1000　B5

2021 年 1 月第一次印刷　印张：10 1/4

字数：202 000

定价：98.00 元

（如有印装质量问题，我社负责调换）

《信息科学技术学术著作丛书》序

21 世纪是信息科学技术发生深刻变革的时代，一场以网络科学、高性能计算和仿真、智能科学、计算思维为特征的信息科学革命正在兴起。信息科学技术正在逐步融入各个应用领域并与生物、纳米、认知等交织在一起，悄然改变着我们的生活方式。信息科学技术已经成为人类社会进步过程中发展最快、交叉渗透性最强、应用面最广的关键技术。

如何进一步推动我国信息科学技术的研究与发展；如何将信息技术发展的新理论、新方法与研究成果转化为社会发展的推动力；如何抓住信息技术深刻发展变革的机遇，提升我国自主创新和可持续发展的能力？这些问题的解答都离不开我国科技工作者和工程技术人员的求索和艰辛付出。为这些科技工作者和工程技术人员提供一个良好的出版环境和平台，将这些科技成就迅速转化为智力成果，将对我国信息科学技术的发展起到重要的推动作用。

《信息科学技术学术著作丛书》是科学出版社在广泛征求专家意见的基础上，经过长期考察、反复论证之后组织出版的。这套丛书旨在传播网络科学和未来网络技术，微电子、光电子和量子信息技术、超级计算机、软件和信息存储技术、数据知识化和基于知识处理的未来信息服务业、低成本信息化和用信息技术提升传统产业，智能与认知科学、生物信息学、社会信息学等前沿交叉科学，信息科学基础理论，信息安全等几个未来信息科学技术重点发展领域的优秀科研成果。丛书力争起点高、内容新、导向性强，具有一定的原创性，体现出科学出版社“高层次、高水平、高质量”的特色和“严肃、严密、严格”的优良作风。

希望这套丛书的出版，能为我国信息科学技术的发展、创新和突破带来一些启迪和帮助。同时，欢迎广大读者提出好的建议，以促进和完善丛书的出版工作。

中国工程院院士

原中国科学院计算技术研究所所长

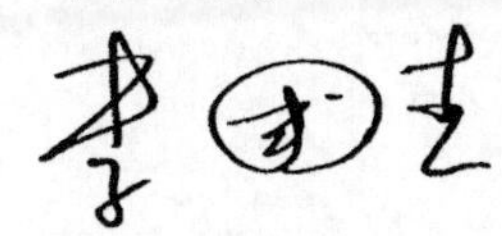

前　言

多属性决策用于解决具有多个属性的有限决策方案的排序问题，在军事、经济、管理和许多工程技术领域都有广泛的应用。其中，不确定多属性群决策方向的研究热点主要集中在不确定信息的表示和处理、专家权重的确定、专家意见的集结、混合信息的多属性决策，以及这些方面与多属性决策理论和技术的融合上。实际决策问题往往具有复杂、不确定、贫信息等特点，因此不确定多属性群决策方法近年来吸引了大量研究者的关注。

本书共 7 章。第 1 章主要介绍不确定多属性群决策方法的相关背景、问题描述、研究内容及现状。第 2 章提出基于灰色关联分析的多属性群决策方法，重点对指标无量纲化方法、群决策矩阵的构建方法、群决策矩阵的相对满意度分析方法等进行研究。第 3 章提出基于 D-S 证据理论的多属性群决策方法。第 4 章提出基于群体层次分析法的属性权重求解方法，从一致性检验和相容性检验角度，构建多种群体 AHP 中的专家权重调整方法。第 5 章提出基于区间直觉模糊数的多属性群决策方法。第 6 章对基于混合信息的多属性群决策方法进行研究，提出基于混合信息的指标权重求解方法，以及基于二元语义的多属性群决策方法，并通过算例分析验证所提方法的有效性。第 7 章总结与展望全书。

本书的相关研究得到多位老师和学生的帮助指导。在此，谨向关心和支持本书出版的领导、老师、学生和朋友表示衷心的感谢。

限于作者水平，书中难免存在不妥之处，敬请读者批评指正。

作　者

2019 年 12 月

目　　录

第1章　绪　　论

1.1　不确定多属性群决策问题

多准则决策(multiple criteria decision making, MCDM)理论源于1896年Pareto提出的Pareto最优概念[1-4],并于20世纪60年代作为规范化的决策方法引入决策科学领域。其发展的标志性事件是1972年召开的多准则决策国际会议。1981年，Hwang和Yoon进一步把多准则决策细分为多属性决策(multiple attribute decision making，MADM)问题和多目标决策(multiple objective decision making，MODM)问题[5]。在实际应用中，规划设计类问题更多地使用多目标决策方法，多属性决策方法则多用于选择、排序、分类和评价等问题。多属性决策是利用多个属性的评价信息,通过一定的计算或处理,将若干个属性值转化为该方案的综合评价值，从而对有限个备选方案进行排序的评价与决策活动。本质上，多属性决策是考虑具有多个属性的有限决策方案的排序问题[6]，在经济、管理、军事，以及工程技术等领域有广泛的应用。

在实际决策过程中，由于决策问题本身的复杂性、不确定性，以及决策环境的模糊性，方案属性的评价信息往往需要借助领域专家的经验获得，而参与评价的专家受自身知识结构、认知水平、情感因素等影响，使其在给出评价信息时可能出现两个方面的问题：一是专家有时很难给出用精确数值表示的评价信息，而是更习惯用语言评价值或者区间数、直觉模糊数等不确定信息的形式来表达意见；二是针对复杂的决策问题，单个专家已经没有足够的能力进行处理。于是，不确定多属性群决策成为近年来多属性决策领域引人关注的研究问题。

1.1.1　多属性决策问题求解的一般过程

多属性决策问题求解的一般过程如图1.1所示。整个过程可以分为三个阶段。

1. 决策矩阵构建

确定评价目标，将评价对象构成有限决策方案集，记为$A=\{A_1,A_2,\cdots,A_m\}$；针对评价目标和评价对象，确定方案属性集，记为$C=\{C_1,C_2,\cdots,C_n\}$。属性通常指能反映或代表候选方案固有的特征、品质、性能或行为表现的影响因素或要素，在多属性决策问题中通常也被称为指标。如果评价问题复杂，影响因素多且关系

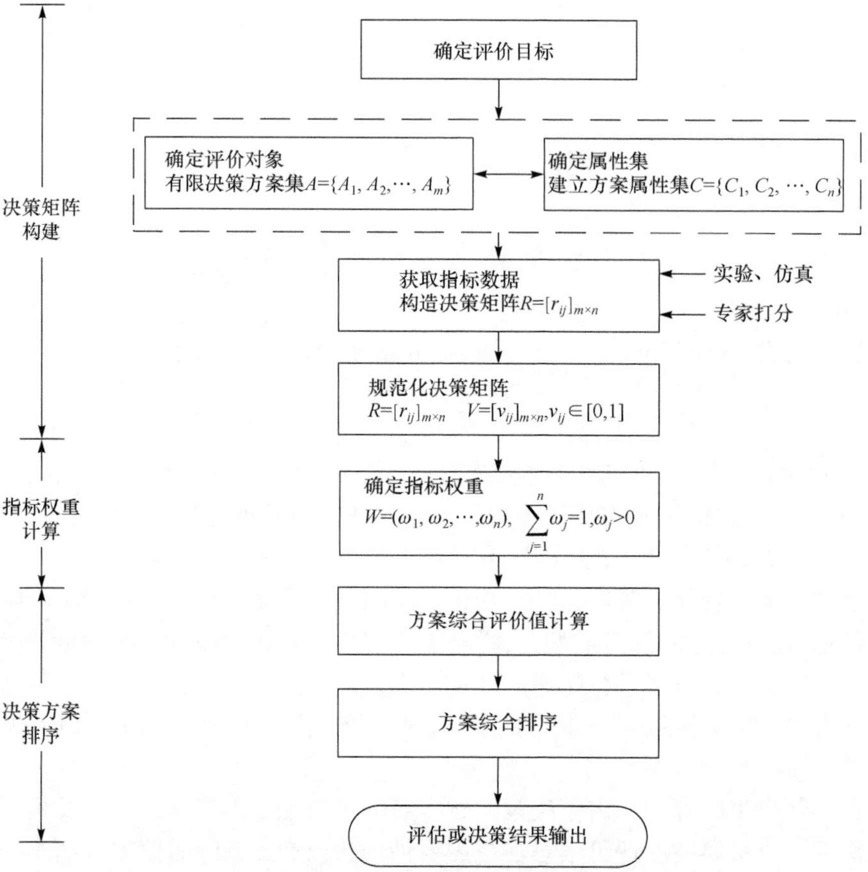
确定评价目标
确定评价对象
有限决策方案集$A=\{A_1, A_2, \cdots, A_m\}$
确定属性集
建立方案属性集$C=\{C_1, C_2, \cdots, C_n\}$
获取指标数据
构造决策矩阵$R=[r_{ij}]_{m\times n}$
实验、仿真
专家打分
规范化决策矩阵
$R=[r_{ij}]_{m\times n}$　$V=[v_{ij}]_{m\times n}, v_{ij}\in[0,1]$
确定指标权重
$W=(\omega_1, \omega_2, \cdots, \omega_n)$, $\sum_{j=1}^{n}\omega_j=1, \omega_j>0$
方案综合评价值计算
方案综合排序
评估或决策结果输出
决策矩阵构建
指标权重计算
决策方案排序

图 1.1　多属性决策问题求解的一般过程

复杂，一般可以通过建立问题的递阶层次结构将问题分解。决策问题的递阶层次结构图如图 1.2 所示。我们通常把这个递阶层次结构称为分层指标体系，简称指标体系。准则层可以有多层，但目标层和方案层都只有一层。层次结构中的层次数与问题的复杂程度及需要分析的详尽程度有关。

目标层
准则层
子准则层
方案层
评价(决策)目标
准则1
准则2
…
准则s
子准则1
子准则2
…
子准则l
属性1
属性2
…
属性n

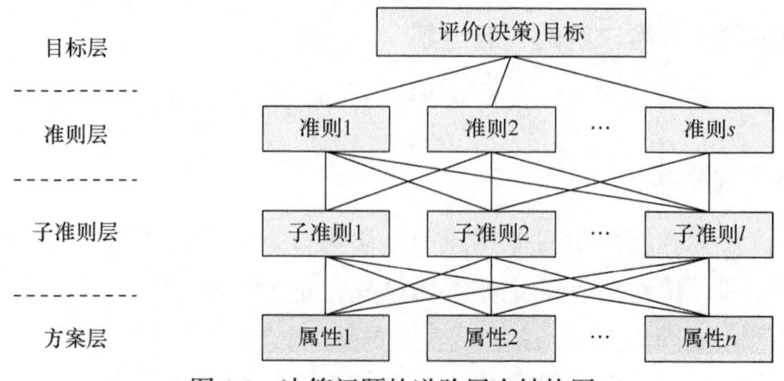

图 1.2　决策问题的递阶层次结构图

图 1.1 中的决策矩阵 $R=\left[r_{ij}\right]_{m\times n}$ 是通过专家评价、实验、仿真或者解析计算等多种途径获取的指标数据构建的，即

$$R=\begin{bmatrix} r_{11} & r_{12} & \cdots & r_{1n} \\ r_{21} & r_{22} & \cdots & r_{2n} \\ \vdots & \vdots & & \vdots \\ r_{m1} & r_{m2} & \cdots & r_{mn} \end{bmatrix}$$

其中，r_{ij} ($i=1,2,\cdots,m; j=1,2,\cdots,n$)是方案 A_i 在属性或指标 C_j 下的取值或分值，反映该指标相对于决策目标的影响程度或贡献度。

为了区分，本书将 $R=\left[r_{ij}\right]_{m\times n}$ 称为初始决策矩阵。在实际问题中，决策矩阵 $R=\left[r_{ij}\right]_{m\times n}$ 中的指标值 r_{ij} 往往存在量纲不统一的情况。为了避免指标的量纲对方案排序的影响，需要利用某种规范化方法对 $R=\left[r_{ij}\right]_{m\times n}$ 进行规范化处理，得到规范化决策矩阵 $V=\left[v_{ij}\right]_{m\times n}, v_{ij}\in[0,1]$。

2. 指标权重计算

指标权重反映的是对于评价目标，同层指标间的相对重要程度，所有指标的权重通常以权重向量 $W=\left(\omega_1,\omega_2,\cdots,\omega_n\right)$ 表示，其中 ω_j 表示指标 C_j 的权重，要求满足 $\sum_{j=1}^{n}\omega_j=1, \omega_j>0$。

3. 决策方案排序

采用某种多属性决策方法，利用方案属性的评价或决策信息，通过一定的数学模型(或算法)将多个指标评价值聚合为一个综合评价值，再根据综合评价值对方案进行排序或择优。指标评价值的聚合过程通常从底层指标开始，逐层向上聚合。

1.1.2 不确定多属性群决策问题的描述

在不确定多属性群决策问题中，评价信息(指标权重和指标值)一般采用群决策方式确定，通过群体决策综合来自不同领域的多个专家的知识和信息，以多个角度的集体智慧弥补个人才智和经验的不足，从而达到减少决策失误，保证决策过程客观公正的目的。相对一般的多属性决策问题，不确定多属性群决策问题可以描述为：设 $A=\left\{A_1,A_2,\cdots,A_m\right\}$ 为决策问题的决策方案集，$C=\left\{C_1,C_2,\cdots,C_n\right\}$ 为 n 个评价指标(属性)组成的方案属性集，由 l 个决策者组成的决策群体 $E=\left\{e_1,e_2,\cdots,e_l\right\}$ 对每个方案的每个属性进行评判并给出评价信息，第 k 个专家给

出的决策矩阵记为 $R^k=\left[r_{ij}^k\right]_{m\times n}$，$r_{ij}^k$ 可以用数值表示，也可以用语言值、区间数、直觉模糊数等不确定信息表示。然后，通过过程集结或结果集结的方式得到方案的综合排序。过程集结方式是先将各个专家的评价信息集结为代表专家群体期望的群体意见，然后利用某种多属性决策方法对指标评价值进行聚合，得到方案综合评价值。结果集结方式是先进行指标聚合计算，然后将各专家的方案综合评价值进行集结，得到专家群体意见。

由图 1.3 可见，在指标体系已经建立的情况下，相对于传统的多属性决策方

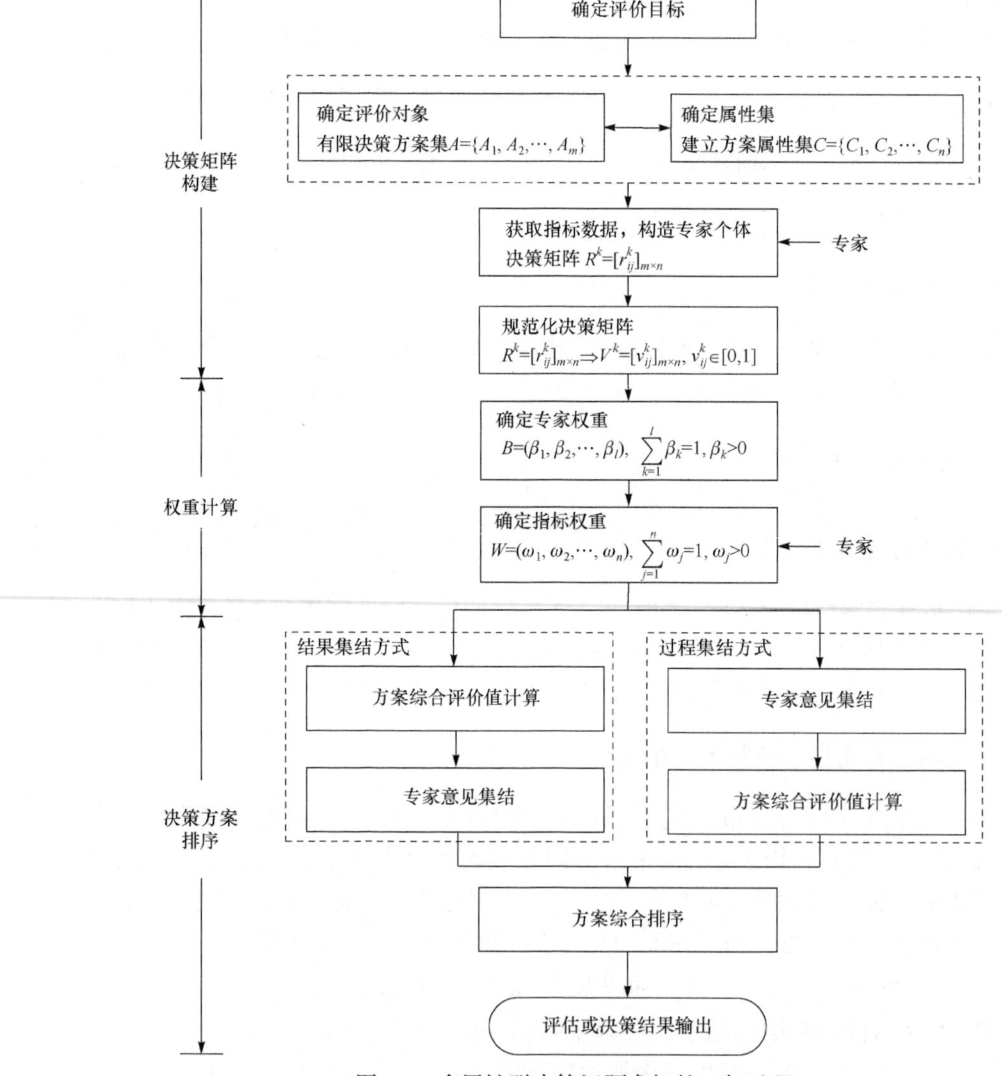

图 1.3 多属性群决策问题求解的一般过程

法，不确定多属性群决策方法的研究主要集中在如何将群决策方法移植到多属性决策方法的计算过程中。其需要重点研究的问题包括不确定信息的表示与处理、指标权重、专家权重，以及专家意见的集结和方案的综合排序。

1.2 研究内容及研究现状

1.2.1 主要研究内容

多属性群决策是对多属性决策和群决策的交叉研究[6]。多属性决策的核心是如何利用获得的评价信息实现对决策方案的综合排序，而群决策则关注如何在一定的决策准则下将群体专家的意见或偏好集结成单一的群体意见或偏好[7]。针对现实决策问题中的复杂性、信息的不确定性和不完备性等，目前相关文献越来越多地集中在将传统或经典的多属性决策方法与群决策、不确定信息处理方法融合，以及多种方法的组合运用上。结合 1.1.2 节对不确定多属性群决策问题的分析，本书的研究内容主要包括三个部分。

1. 基于灰色关联和基于 D-S(Dempster-Shafter)证据理论的多属性群决策方法研究

灰色关联分析通过将运行机制与物理原型不清晰的灰关系序列化、模式化，建立灰色关联分析模型，用数学方法确定系统相关因素行为序列曲线的几何形状与所选的标准系统特征行为序列曲线的相似程度。该方法对样本量及样本分布规律都没有要求，对影响因素或指标之间的线性、非线性关系都适用。D-S 证据理论被认为是多元不确定性信息融合的有效方法。它利用决策者或专家个体的经验和所能收集到的相关事实与数据作为判断与推理的证据进行推理，从而找出最优方案。其原理实际上是把整个问题和证据分解为若干子问题、子证据进行处理，再利用 Dempster 合成法则，对各自独立的结论通过组合给出一致性结果，实现信息互补。这两种方法对于具有复杂性，以及信息的不确定性和不完备性的评估问题，都是比较适用的。因此，本书重点围绕基于灰色关联和 D-S 证据理论的多属性群决策方法，就专家权重调整、专家意见即个体偏好集结成相对一致的群体偏好，以及集结效果的检验等内容进行深入研究。

2. 基于群体层次分析法(analytic hierarchy process，AHP)的指标赋权研究

AHP 以定性与定量相结合的方式处理各种决策因素，使我们可以利用较少的定量信息将决策的思维过程数学化，具有系统、灵活、简洁的优点。AHP 在目前的多属性决策问题，尤其是指标权重的求解问题中得到广泛的应用。本书重点围

绕群体 AHP 中的专家权重调整与信息集结问题展开研究，同时为了尽可能地保留专家意见，如模糊、犹豫等情况的专家评价信息，采用区间数判断矩阵表示专家意见，并对基于 1~9 标度判断矩阵与区间判断矩阵混合信息的指标赋权问题进行研究。

3. 基于区间直觉模糊数和混合信息的多属性群决策方法研究

由于事物的复杂性和专家思维的模糊性，专家往往难以给出精确数值形式的评价意见，因此需要用模糊信息的形式表示其意见。区间直觉模糊数被认为是可以全面表达专家原始决策意见的描述形式，因此基于区间直觉模糊数的不确定性多属性群决策方法在经济、管理、运筹、工程等诸多领域受到极大地关注并得到广泛的应用。

另外，考虑决策者在经验积累、知识水平、个人偏好等方面存在差异性，以及指标的固有复杂特性，专家面对同样的决策问题时通常会表现出不同的偏好。为了更好地贴合思维特点，考虑事物的复杂特性，因此形成了包含实数值、区间值，以及区间直觉模糊数、语言值等诸多种类数据结构的混合信息多属性群决策问题。基于混合信息的多属性群决策方法与传统的决策方法相比无疑增加了解决问题的难度，相关文献[8-12]为了对复杂混合信息进行处理，在将混合信息转换为二元语义形式的基础上，建立模型方法以求解多属性决策问题。

综上分析，本书在现有方法的基础上，着重从指标权重和专家权重两个方面对基于区间直觉模糊数和混合信息的多属性群决策方法进行研究。

1.2.2 基于灰色关联的多属性群决策方法研究现状

在基于灰色关联的多属性决策方法研究方面，由于灰色关联分析法是借助灰色关联模型来完成计算分析工作的，因此人们主要围绕灰色关联度模型的构建及其改进与拓展应用展开研究。1982 年，Deng 提出灰色关联四公理[13]，把它作为定义灰色关联度必须满足的条件，并在此基础上构建邓氏关联度，以序列对应点之间空间位置的接近程度反映序列之间的关联程度。文献[14]-[18]又陆续提出灰色绝对、相对和综合关联度、T 型关联度、B 型关联度、C 型关联度，以及灰色斜率关联度。这些关联度模型分别利用序列之间的位移差、一阶斜率差和二阶斜率差等信息来刻画序列之间的关联程度。随后，相关文献的研究发现典型关联度模型的计算方法存在一定的不足，提出一系列改进的模型或方法。同时，许多学者将灰色关联度模型的建模思想从实数域扩展到其他数域，为扩大灰色关联分析的应用领域提供了理论根据。例如，文献[19]提出灰色欧几里得关联度，文献[20]将一般关联度公式拓展到矢量序列、复数序列、矩阵序列、模糊数序列和张量序列，文献[21]引入灰熵概念等。近年来，由于实际决策问题的复杂性，以及人类认知的局限性，决策信息具有明显的不确定性和不完备性，这种信息用单纯的数值来表示显得不合理，一般用区间数、三角或梯形模糊数、语言值等来表达，因此基于非精确实数的灰色关联分析受到广泛的关注。例如，文献[22]将区间数与邓氏关联度结合建立区间数灰色关联度；文献[23]提出三参数灰色区间关联度方法；文献[24]定义了区间灰色梯形模糊数的定义及其相关运算规则，在此基础上采用灰色关联法对方案进行排序；文献[25]采用一致化的方法将不同的语言值通过转化函数转换成实数，再进行方案排序等。从这些文献的研究中不难看出，对于非精确实数的分析，通常都是通过定义模糊数、区间数的运算规则，以及语言值的转换函数，然后再基于实数运用灰色关联分析法进行方案排序或择优。由于灰色关联分析计算简单，对样本量没有严格要求，因此在系统或方案评估、风险预测、医疗诊断、投资决策、多传感器目标识别等诸多领域得到广泛应用。

在实际基于灰色关联的多属性决策问题中，指标通常没有统一的度量标准，不能直接进行比较,因此需要进行指标的无量纲化处理,即利用数学变换把量纲、性质各异的指标值转化为可以综合处理的量化值，例如统一变换到[0, 1]的范围内。相关文献[26]和[27]根据指标的类型用不同方法进行无量纲化处理,将指标分为效益型、成本型、固定型、区间型和偏离型等。常用的无量纲化方法有线性变换法、向量规范法、极差变换法等。这些方法计算直观、方便，适用于指标值相对集中，且指标值的变化对无量纲化后的值的变化影响是等比例的情况，但是实际往往有些指标值，用某些无量纲化方法处理后，其变化程度会有所不同，也就是无量纲化变换对各指标值的影响不是等比例的，因此改变了各指标值间无量纲处理前的相对状态，影响最终的方案排序或决策结果。文献[27]尝试用非线性变换函数进行指标的无量纲化处理。其基本思想是按照“奖优罚劣”的原则，构造非线性变换函数，对那些优于平均值的指标值赋予[0, 1)的值，反之则赋予[0, –1)的值，但这种方法只适用于指标值不是特别集中的情况。

在基于灰色关联的多属性群决策方法研究方面，目前主要关注两方面的研究内容，即专家意见的集结方法和专家权重的确定方法。专家意见的集结方法主要有算术平均法、几何平均法、有序加权平均(ordered weighted averaging，OWA)算子及其改进算子、TOPSIS(technique for order preference by similarity to an ideal solution)、灰靶、目标规划等方法[28-33]。文献[28]采用 OWA 算子进行信息集结，不但考虑数据自身隐含的决策信息，而且考虑数据位置的重要程度，破除了模糊逻辑中只有“与”、“或”两种算子的限制。文献[29]针对区间数提出加权的、有序加权的、混合的连续区间有序加权几何平均(continuous ordered weighted geometric averaging，C-OWGA)算子，避免了区间数的比较，使操作简便。文献[30]通过定义专家群体理想点，以距离测度度量专家给出的决策矩阵与理想解的贴近度确定专家权重。文献[31]提出灰色多属性偏离靶心度群决策方法，即以专家群体期望的理想解作为灰靶，通过计算各评价方案到靶心的距离来衡量各方案的优劣。文献[32]利用数学规划方法构建专家群体决策的最优相对熵集结模型，以专家个体偏好与群体偏好的相对熵衡量专家个体意见与群体意见的一致性程度，从而解决群体决策方案集结问题。

对于专家权重确定方法的研究，目前提出的专家权重确定方法可以分为三类[33,34]。第一类是主观赋权法，这类方法根据专家的名望、地位、知识结构、对问题的熟悉程度、能力等因素，使用 AHP、Delphi 法等确定专家权重。权重的确定不随专家给出的评价信息的质量好坏而改变，是决策前就预先设定好的，是一种静态权重。第二类是客观赋权法，这类方法根据专家给出的评价意见的质量确定专家的权重，因此是一种动态权重。第三类是综合赋权法，即将前两种方法结合起来确定专家权重。目前关于客观赋权方法的研究较多，文献[35]-[37]分别采用 TOPSIS 法、投影法和灰靶方法确定专家权重。文献[38]基于离差最大化思想确定专家权重。文献[39]-[41]利用专家个体意见与群体意见偏差程度的最小化，建立非线性规划模型确定专家权重。上述文献中的专家权重确定方法虽然各异，但其思路基本一致，主要通过某种方法度量专家个体偏好与群体偏好的偏差程度或相似程度确定专家权重，一般偏差大的专家权重小，反之则大。偏差程度的度量主要采用距离度量、夹角余弦相似度度量、灰色关联度、相对熵等。

从上述文献分析可见，目前建立起来的灰色关联度模型，以及指标无量纲化处理方法各有优点和适用范围，因此在实际使用中没有统一的方法。面对实际的决策问题究竟如何构建或选择关联度模型、指标无量纲化方法，对此问题进行研究的相关文献相对较少。此外，在多属性群决策问题中，专家给出的评价信息还包括决策矩阵、判断矩阵、排序向量或指标权重向量等。上述文献中的专家权重确定方法，以及专家意见的集结方法都是从某个侧面进行研究，面对专家给出的诸多类型评价信息，在实际基于灰色关联的多属性群决策问题求解中，该利用哪些信息，采用何种方法得到的计算结果更合理等问题的研究相对缺乏，也需要对相关的理论方法继续完善和丰富。

1.2.3 基于证据理论的多属性群决策方法研究现状

现实生活中的多属性群决策问题，例如武器系统作战能力评估问题、网络信息风险评估问题、投资风险评估问题等，大多数是在很多不确定因素和信息不完备的情况下进行的，专家很难自己提供状态事件的概率分布，因此传统基于概率论的决策方法不能有效解决此类决策问题。1967 年，Dempster 研究统计问题时提供了一个构造不确定性推理模型的一般框架，他的学生 Shafer 又于 1976 年对 Dempster 的理论进行发展，形成了处理不确定信息的证据理论，简称 D-S 证据理论[42]。相对于传统概率，证据理论中的信度函数把信念视为主体基于证据产生的认识。这种认识包含决策者的个人偏好，是决策者在不确定、无先验信息的情况下，根据其拥有的知识和经验针对待决策问题的性质、目标等用主观判断给出的评价，因此能够对信息的不完全、不精确和不肯定进行合理地描述，并且证据理论具有可以综合由不同专家评价意见构造基本可信度函数的 Dempster-Shafter 合成法则(简称 D-S 合成法则)，可以对专家群体中的专家个体偏好进行有效集结[42-44]。由于证据理论可以很好地描述评价信息的不确定性和不完备性，同时具有合成多个专家意见的 D-S 合成法则，因此被视为一种有效的群决策方法，在系统评估、安全风险评估、故障诊断、人工智能、模糊控制、产品方案评价等诸多领域得到广泛的应用[42,45]。

证据理论在多属性群决策领域的应用主要是将 D-S 证据理论与其他决策方法相结合解决决策问题，包括 AHP、神经网络、粗糙集、模糊综合评判法、灰色关联分析等。例如，文献[46]利用粗糙集不需要任何知识，只用数据本身提供的信息弥补证据理论中基本信度的分配由专家指派的主观性不足。文献[47]将模糊神经网络与 D-S 证据理论结合进行多传感器信息融合，与单纯使用神经网络相比，可以较好地提高信息融合敌我识别系统的识别率。文献[48]针对模糊层次分析法(fuzzy AHP，FAHP)用于产品方案评价时存在的逆向排序问题和不确定信息处理问题，将证据理论引入 FAHP 的层次结构，进行底层方案评价值的计算，可以克服 FAHP 对不确定信息处理不足的问题。文献[49]利用灰色关联分析法确定各指标下不确定信度，再用 D-S 合成法则进行合成，得到目标排序，可以显著降低决策过程中多源信息的不确定性。

尽管证据理论在不确定信息的描述和组合方面具有一定的优势，但是群决策本身具有问题复杂庞大、多名决策者参与、方案不可试验等诸多特点[42]，导致证据之间可能存在冲突。当冲突强度大于一定阈值时，就会使证据合成结果与人类直觉相悖。为此，许多学者提出降低证据冲突的改进的合成规则，其中证据加权成为一种主要思路。例如，文献[50]根据证据间的距离、相似度等，对证据进行加权，降低证据冲突，从而在一定程度上解决了高度冲突证据的融合问题。

基于证据理论的群决策方法尚未形成一个统一而又严密的理论体系结构，需要进一步加强研究[42]。

1.2.4 基于群层次分析法的指标赋权方法研究现状

指标赋权是指在指标体系构建完成后给指标确定相应的权重。指标赋权是否合理会直接影响评估结果的准确性。相关文献提出的指标赋权方法，总结起来主要包括主观法、客观法和主客观组合法[51]。主观法包括 AHP、Delphi 法、模糊综合评判法、最小平方法、判断矩阵法等。主观法能较好地体现决策者的意愿，不足是指标赋权依赖决策者的经验判断，随意性较大，决策者的个人偏好会对指标权重产生重大影响，对于精度较高的决策问题有可能得到不符合实际的结果。常用的客观赋权法有主成分分析法和熵权法等，这类方法的数据来源、计算过程比较客观，但是指标赋权的合理性依赖数据的量和质。主客观赋权法将上述两类方法结合使用，如熵权-层次分析法[52]。该方法在求解指标权重时，只是对两种方法求得的指标权重进行综合，没有在过程上实现主观和客观的融合。若两种方法求得的指标权重差异较大，则综合指标权重会偏离实际权重。

受实际决策或评估中存在的问题复杂性、信息不确定性，以及基础数据匮乏等因素的影响，客观赋权法的使用受到很大的限制，目前应用最广泛的指标赋权方法是 AHP。AHP 是美国运筹学家 Satty 20 世纪 70 年代初提出的一种层次权重决策分析方法。它将决策有关因素分解成目标、准则、方案等层次，以定性与定量结合的方式处理各种决策因素，可以利用较少的定量信息将决策的思维过程数学化。其系统、灵活、简洁的优点，使 AHP 在目前的多属性决策问题中得到了广泛的应用[53]。但在运用 AHP 解决实际问题的研究过程中，很多重要决策并不是由一个单独的决策者完成的，而是由多个相关专家组成的一个专家决策群体共同完成的。由于专家具有不同的知识和经验，各专家意见存在不一致性的问题，但 AHP 没有涉及专家意见的综合问题,群体 AHP 正是为了解决这一问题提出的[54,55]。

群体 AHP 是由多个具有相关领域不同知识和经验的专家参与的群决策方法。相比于 AHP，群体 AHP 多了专家评价信息集结的步骤。该步骤主要集中专家评价信息的集结和专家权重的确定。目前群体 AHP 中信息集结的方式一般有两种[56]：一种是过程集结，首先对专家个体判断矩阵进行集结，得到群体判断矩阵，再进行方案排序；另一种是结果集结，首先采用 AHP 根据专家个体判断矩阵得到相应的排序向量，再对个体排序向量进行集结得到群体排序向量。对专家个体判断矩阵的集结，目前主要有加权算术平均、加权几何平均，以及选取差异最小元素构建群判断矩阵三类方法。例如，文献[57]介绍了几何平均法和平均判断矩阵，并通过数学推导证明平均判断矩阵能保持一致性；文献[58]进一步论证了 m 个判断矩阵的加权几何平均复合判断矩阵是判断矩阵；文献[59]用全体决策者方案判别值的均值构成群判断矩阵；文献[60]提出一种基于最优可能满意度的群体 AHP 判断矩阵的集结方法，对专家个体排序向量的集结；文献[56]用加权平均方式集结专家个体排序向量；文献[61]通过建立专家个体排序向量与群体排序向量的最小相对熵模型，求得最能让每一个专家都满意的方案属性权重。上述这些方法的集结效果都与专家权重有直接关系，但除了文献[59]均未提供专家权重的确定方法。

对于群体 AHP 中的专家权重确定问题，目前的方法主要包括基于判断矩阵一致性检验的专家客观权重确定方法和基于相容性检验的专家客观权重确定方法。其中前者认为在 AHP 进行决策时，专家给出的判断矩阵评价信息是方案两两对比得到的，这样难免出现由认识的不稳定和不准确产生的逻辑矛盾问题，因此决策时需要对判断矩阵进行一致性检验。检验得到的度量值从思维一致性角度反映专家的评判水平，因此可以通过对判断矩阵的一致性检验确定专家权重。后者则认为专家给出的评价意见难免存在分歧，当分歧大于一定程度时，集结的群体意见往往难以具有说服力，可以通过相容性检验反映专家意见与群体意见的偏离程度或近似程度，从而确定专家权重。基于判断矩阵一致性检验的专家权重确定方法主要有两种[62]：一种是利用专家判断矩阵的一致性指标、最大特征根或者一致性均衡指标(consistency harmonions index，CHI)等确定专家权重，另一种是通过度量专家判断矩阵与其相应的完全一致判断矩阵的差异程度来确定专家权重。基于相容性检验的专家权重确定方法也可以分为两种[63-65]：一种是以单个专家的判断矩阵为背景，通过分析判断矩阵间的关系来确定专家权重，另一种是以专家判断矩阵排序向量为背景，通过分析排序向量间的关系确定专家权重。上述这些方法往往需要度量判断矩阵的间差异程度或相似程度，目前常用的度量方法包括距离度量、夹角余弦相似度度量，以及灰色关联度，但是在判断矩阵的标度影响下，这些方法是否还适用，如何检验各种方法的合理性等问题的研究还较少。此外，相关文献一般只是对群体 AHP 中的某些问题进行研究并给出方法，如专家权重的确定、判断矩阵一致性检验和调整方法等。对于群体 AHP 的专家信息集结，多数文献并没有给出完整的解决方案[56]，还需要进一步研究。

1.2.5 模糊数及语言型多属性群决策方法研究现状

多属性群决策的实质是在邀请决策群体参与的前提下，根据现有的客观条件给出评估信息，采用一定的模型方法对有限个、离散的候选方案的决策信息进行融合得到排序结果。为了克服传统决策模型对各类数据信息均采用实数值的单一性，避免精确的数据值丢失有用的数据，人们采用模糊数据描述事物指标，模糊决策由此而起。在模糊数据信息的决策模型算法中，人们将诸如概念、参数和事件等决策者无法运用实数值形式定义的均改用模糊值表示。模糊值作为一种信息量丰富的数据结构表现形式,能够较好地适应决策者的需求,改善模型的表现力。

模糊集的相关概念[66]由美国控制论领域的专家 Zadeh 首次提出，奠定了模糊集的理论基础。随后，Atanassov 基于模糊集理论进行相应地拓展，定义了直觉模糊集[67]。1993 年，Gau 和 Buehrer 一同给出 Vague 集的概念，并给出 Vague 值的相关定义和运算规则[68]。在此基础上，模糊数值理论由于其较强的适应性得到拓展与关注。

群决策专家权重、指标权重，以及比较排序是决策过程中求解问题的关键部分。在直觉模糊集的前提下，针对这几个部分，相关领域专家的研究成果可以归纳如下。

在专家权重求解方面，Meng 等[69]给出利用决策矩阵计算群决策权重的方法，

Zhang 等[70]给出求解群决策权重的数学规划模型，Yue 等[71]依赖 TOPSIS 方法求出了群决策权重，但是他们均要求给出与群决策权重有关的先验决策数据，所以这类方法存在局限性。

在指标权重求解方面，针对基于区间直觉模糊数的多属性决策问题，研究者通常采用基于偏好关系的主观权重法进行研究。其主要方法有加法、乘法的一致直觉关系[72]、一致区间直觉偏好关系[73]，以及不完全区间直觉偏好关系[74]等。此外，也有部分文献采用客观权重法[75]，根据指标值的熵值计算指标权重。在文献[76]的牵引下，诸多学者对区间直觉模糊数进行形式拓展，求解指标权重。

随着基于直觉模糊集的不确定多属性群决策方法得到广泛的关注与应用，以及事物趋于螺旋式的上升变化，人脑对事物的认知通常会显现出一定的知识缺乏或存在着不同程度的犹豫。人们逐渐尝试将区间数的各种形式和 Vague 集进行结合，发展出区间值模糊集、三参数区间值模糊集等数据结构，并应用在群决策中。此外，有些决策者习惯直接用“差”、“一般”、“好”、“很好”等不确定语言形式表达评价意见，因此在实际的决策中，往往会形成基于混合信息的多属性群决策问题。

在探求基于混合信息的多属性群决策方法时，上述多属性群决策方法模型可以应用到处理语言型群决策的问题中，如规划模型与二元语义的结合[77,78]、TOPSIS方法与模糊数的结合、模糊数与 OWA 算子的结合、基于语言的优化模型与加权平均算子的结合等。廖貅武等[77]选用二元语义模型作为处理语言评价信息的转换方式，并通过建立优化模型算出权重向量，同时求出各方案距正理想点的贴近度，据此确定方案优先次序。朱宁宁等[78]在二元语义基础上提出一种规划模型求解决策者与指标权重的方法。徐泽水[79]在给出语言评估值评估标度及运算规则定义的基础上，进一步拓展了集结算子的决策方法。Li[80]给出一种将语言评估信息转换为梯形模糊数的折中比的多属性群决策方法，并与经典的基于理想点方法作对比。戴跃强等[81]依据传统正负理想点方法的基本思想，将语言评估值通过二元语义形式转换为数值形式，经计算可以得到群决策结果。Boran 等[82]采用将直觉模糊集与TOPSIS法结合的方法，提出一种基于语言评价值加权平均算子的多属性群决策方法。Wei[83]提出一种基于语言信息形式拓展加权算子的不确定多属性群决策方法。Liu[84]采用将语言评价信息转换为区间值梯形模糊数的方法，同时运用相应的集结算子对多属性群决策信息进行集结。Marbini 等[85]同时考虑群体的不确定和不精确语言评价信息，对淘汰选择法进行了扩展。

综上所述，随着群决策中对评价偏好信息的研究逐步由确定性到模糊性、由单一粒度到多粒度、由实数值到模糊评价值，混合型多属性群决策的理论方法得到重视与发展，但仍然存在诸多需要改进的地方，例如群体的一致性分析及群体意见交互反馈机制、结果合理性的评价比较、动态群决策方法，以及如何更好地解决实际问题等。

第 2 章　基于灰色关联分析的多属性群决策方法

灰色关联分析是研究少数据、贫信息不确定性问题的方法，在因素分析、方案决策、优势分析等方面获得广泛的研究和应用。近年来，灰色关联分析方法也被成功应用于多属性群决策问题，人们提出不少基于灰色关联分析的多属性群决策模型和方法，但较少关注实际应用中面临的几个重要问题。

① 各种灰色关联度模型对不同数据集特点的适用性问题。

② 指标无量纲化方法对决策结果的影响及适用性问题。

③ 针对各专家给出的个体决策矩阵，如何构建所有专家相对满意度较高的群决策矩阵问题。

④ 专家个体意见集结效果的检验问题。

针对上述问题，本章重点围绕典型灰色关联度模型和常用的指标无量纲化方法的适用性、群决策矩阵的构建、群决策矩阵的相对满意度分析等展开研究，给出基于灰色关联分析的多属性群决策方法步骤，并通过算例分析验证方法的有效性。

2.1　问 题 描 述

设 $A=\{A_1,A_2,\cdots,A_m\}$ 为决策问题的决策方案集，$C=\{C_1,C_2,\cdots,C_n\}$ 为评价指标(属性)组成的方案属性集，由 l 个决策者组成的决策群体 $E=\{e_1,e_2,\cdots,e_l\}$ 对方案进行决策，决策者 e_k 对方案 A_i 在指标 C_j 下的评价值为 r_{ij}^k，由此得到的决策矩阵，记为 $R^k=\left[r_{ij}^k\right]_{m\times n}$，专家权重表示为 $B=\{\beta_1,\beta_2,\cdots,\beta_l\},\sum_{k=1}^{l}\beta_k=1$。

我们需要解决的问题是，如何得到一致的群体决策结果，或者所有专家相对满意的群体偏好，即合理的方案排序。

为了便于分析和对比，假设评价指标的权重已知；仅从专家在此次评价问题中给出的评价信息确定专家权重，即通过客观法确定专家权重；方案的排序方法采用基于灰色关联的多属性决策方法。

2.2 灰色关联分析的基本理论和方法

2.2.1 灰色关联分析的基本概念

灰色关联分析常用于研究不确定性对象间的关联程度。这里的不确定性对象具有“外延明确，内涵不确定”的灰概念。例如，明天气温将下降 1～2℃，这个就是一个灰概念。这种不确定性对象间的关联程度通常用灰色关联度描述。灰色关联分析的基本思想是将所研究系统的相关因素用行为序列描述，并用数学的方法确定这些行为序列曲线的几何形状与所选的标准系统特征行为序列曲线的关系密切程度，从而判断它们的关联程度。一般序列曲线间的空间位置整体上越接近或其几何形状越相似，它们之间的关系就越密切，即灰关联度越大。相关的基本概念如下[14-18, 86]。

定义 2.1 设 X_i 为系统因素，其在序号 k 上的观测数据为 $x_i(k)\ (k=1,2,\cdots,n)$，则称 $X_0=(x_0(1),x_0(2),\cdots,x_0(n))$ 为系统特征行为序列，也称参考序列；称 $X_i=(x_i(1),x_i(2),\cdots,x_i(n))\ (i=1,2,\cdots,m)$ 为系统的相关因素行为序列，也称比较序列。

序号 k 在不同研究背景下的含义不同，例如随时间变化的系统，k 表示时间序号，$x_i(k)\ (k=1,2,\cdots,n)$ 表示 k 时刻观测数据，则 $X_i=(x_i(1),x_i(2),\cdots,x_i(n))\ (i=1,2,\cdots,m)$ 称为因素的行为时间序列；对方案评估或择优，k 表示指标序号，$x_i(k)\ (k=1,2,\cdots,n)$ 表示在序号为 k 的指标上的评价值，则 $X_i=(x_i(1),x_i(2),\cdots,x_i(n))(i=1,2,\cdots,m)$ 称为因素的行为指标序列。

定义 2.2 设序列 $X_0=(x_0(1),x_0(2),\cdots,x_0(n))$ 为参考序列，$X_i=(x_i(1),x_i(2),\cdots,x_i(n))(i=1,2,\cdots,m)$ 为比较序列，则称 $\Delta x_{0i}(k)=x_0(k)-x_i(k)\ \ (k=1,2,\cdots,n)$ 为序列 X_i 与 X_0 在 k 点处的位移差，$\Delta x_i(k)=x_i(k)-x_i(k-1)\ (k=2,3,\cdots,n)$ 为序列 X_i 在 k 点处的一阶斜率，$\Delta^2 x_i(k)=\Delta x_i(k+1)-\Delta x_i(k)\ \ (k=2,3,\cdots,n)$ 为序列 X_i 在 k 点处的二阶斜率。

从直观上看，位移差可以反映比较序列 X_i 与参考序列 X_0 在 k 点处空间位置的接近程度，一阶斜率可以反映序列在 k 点处的变化趋势，而二阶斜率不仅在一定程度上表示序列在 k 点处的变化趋势，更反映序列在 k 点处的变化率或变化大小。

定义 2.3 用来描述系统因素间关系密切程度的量称为灰色关联度，因素 X_i 与 X_j 的关联度记为 $\gamma(X_i,X_j)$，简记为 γ_{ij}。用来描述因素 X_i 与 X_j 在序号 k 处的关系密切程度的量称为灰色关联系数，记为 $\gamma(x_i(k),x_j(k))$，简记为 $\gamma_{ij}(k)$。

灰色关联系数表示两个序列在 k 点的相似程度，而灰色关联度则是衡量两个因素行为序列之间关系的密切程度。一般来说，灰色关联度通过两个序列在所有点处的关联系数的某种方式组合获得，这种组合方式通常是一个函数形式，即 $F:\gamma_{ij}(k)\to\gamma_{ij}, k=1,2,\cdots,n; i,j=1,2,\cdots,m$。虽然灰色关联度是一个量值，但由于现实世界影响系统行为的因素具有不确定性、模糊性、随机性等特点，获得的灰色关联度通常只反映各因素行为序列与系统特征行为序列关系密切程度的相对大小，因此在进行系统分析时，我们主要关注的是针对系统特征行为序列，各因素行为序列关联度大小的排序，而不完全是关联度在数值上的大小。

定义 2.4　对参考序列 X_0 与比较序列 $X_i(i=1,2,\cdots,m)$，若 $\gamma(X_0,X_i)\geqslant\gamma(X_0,X_j)$，表明 X_i 与 X_0 的关联程度大于 X_j 与 X_0 的关联程度，记为 $X_i\succ X_j$，$\succ$是灰色关联度导出的灰色关联序。

灰色关联分析的实质是通过量化分析比较序列与参考序列的关联程度，按关系密切程度的大小，确定比较序列之间相对参考序列的排序。因此，灰色关联分析法的关键是建立合适的灰色关联度计算模型，得出与实际定性分析结论一致的灰色关联序。

2.2.2　几种典型的灰色关联度模型介绍

目前，相关研究主要提出以下几种典型的关联度模型[14-20, 86]。设 $X_0=(x_0(1), x_0(2),\cdots,x_0(n))$ 为参考序列，$X_i=(x_i(1),x_i(2),\cdots,x_i(n))$ 为比较序列。

1. 邓氏关联度

对分辨系数 $\rho\in[0,1]$，令关联系数 $\gamma(x_0(k),x_i(k))$ 为

$$\gamma(x_0(k),x_i(k))=\frac{\min_i\min_k\left|x_0(k)-x_i(k)\right|+\rho\max_i\max_k\left|x_0(k)-x_i(k)\right|}{\left|x_0(k)-x_i(k)\right|+\rho\max_i\max_k\left|x_0(k)-x_i(k)\right|}\tag{2.1}$$

则 X_i 与 X_0 的邓氏关联度 $\gamma(X_0,X_i)$ 为

$$\gamma(X_0,X_i)=\frac{1}{n}\sum_{k=1}^{n}\gamma(x_0(k),x_i(k))\tag{2.2}$$

其中，分辨系数 ρ 的取值直接影响关联系数 $\gamma(x_0(k),x_i(k))$ 的大小。

关联系数 $\gamma(x_0(k),x_i(k))$ 的下界值随分辨系数 ρ 的增大而增大，从而导致整体分辨率变低，一般取 $\rho=0.5$ 便可得到满意的分辨率[48]。

2. 点关联度

令关联系数为

$$\gamma(x_0(k),x_i(k))=\frac{\rho\max_i\max_k|x_0(k)-x_i(k)|}{|x_0(k)-x_i(k)|+\rho\max_i\max_k|x_0(k)-x_i(k)|} \tag{2.3}$$

则 X_i 与 X_0 的点关联度 $\gamma(X_0,X_i)$ 为

$$\gamma(X_0,X_i)=\frac{1}{n}\sum_{k=1}^{n}\gamma(x_0(k),x_i(k)) \tag{2.4}$$

3. 广义灰色绝对关联度(绝对关联度)

X_i 与 X_0 的广义灰色绝对关联度 $\gamma(X_0,X_i)$ 定义为

$$\gamma(X_0,X_i)=\frac{1+|d_0|+|d_i|}{1+|d_0|+|d_i|+|d_i-d_0|} \tag{2.5}$$

其中，$|d_0|=\left|\sum_{k=2}^{n}(x_0(k)-x_0(1))+\frac{1}{2}(x_0(n)-x_0(1))\right|$；$|d_i|=\left|\sum_{k=2}^{n}(x_i(k)-x_i(1))+\frac{1}{2}(x_i(n)-x_i(1))\right|$；$|d_i-d_0|=\left|\sum_{k=2}^{n}[(x_i(k)-x_0(k))-(x_i(1)-x_0(1))]+\frac{1}{2}[(x_i(n)-x_0(n))-(x_i(1)-x_0(1))]\right|$。

4. 广义灰色相对关联度(相对关联度)

X_i 与 X_0 的广义灰色相对关联度 $\gamma(X_0,X_i)$ 定义为

$$\gamma(X_0,X_i)=\frac{1+|d_0'|+|d_i'|}{1+|d_0'|+|d_i'|+|d_i'-d_0'|} \tag{2.6}$$

其中，$|d_0'|=\left|\sum_{k=2}^{n-1}\frac{x_0(k)-x_0(1)}{x_0(1)}+\frac{1}{2}\frac{x_0(n)-x_0(1)}{x_0(1)}\right|$；$|d_i'|=\left|\sum_{k=2}^{n-1}\frac{x_i(k)-x_i(1)}{x_i(1)}+\frac{1}{2}\frac{x_i(n)-x_i(1)}{x_i(1)}\right|$；$|d_i'-d_0'|=\left|\sum_{k=2}^{n-1}\left(\frac{x_i(k)}{x_i(1)}-\frac{x_0(k)}{x_0(1)}\right)+\frac{1}{2}\left(\frac{x_i(n)}{x_i(1)}-\frac{x_0(n)}{x_0(1)}\right)\right|$。

5. 斜率关联度

令关联系数为

$$\gamma(x_0(k),x_i(k))=\frac{1+\left|\frac{\Delta x_0(k)}{\overline{x}_0}\right|}{1+\left|\frac{\Delta x_0(k)}{\overline{x}_0}\right|+\left|\frac{\Delta x_i(k)}{\overline{x}_i}-\frac{\Delta x_0(k)}{\overline{x}_0}\right|} \tag{2.7}$$

其中，$\overline{x}_0=\frac{1}{n}\sum_{k=1}^{n}x_0(k)$；$\overline{x}_i=\frac{1}{n}\sum_{k=1}^{n}x_i(k)$。

X_i 与 X_0 的斜率关联度 $\gamma(X_0,X_i)$ 定义为

$$\gamma(X_0,X_i)=\frac{1}{n-1}\sum_{k=1}^{n-1}\gamma(x_0(k),x_i(k)) \tag{2.8}$$

6. 相对斜率关联度

令关联系数为

$$\gamma(x_0(k),x_i(k))=\frac{1}{1+\left|\dfrac{\Delta x_i(k)}{x_i(1)}-\dfrac{\Delta x_0(k)}{x_0(1)}\right|},\quad x_0(1)\neq 0;x_i(1)\neq 0 \tag{2.9}$$

则 X_i 与 X_0 的相对斜率关联度为

$$\gamma(X_0,X_i)=\frac{1}{n-1}\sum_{k=1}^{n-1}\gamma(x_0(k),x_i(k)) \tag{2.10}$$

7. T 型关联度

令 X_i 与 X_0 在 k 点处的灰色关联系数为

$$\gamma(x_0(k),x_i(k))=\begin{cases}\operatorname{sgn}(\Delta' x_0(k)\cdot\Delta' x_i(k))\dfrac{\min(|\Delta' x_0(k)|,|\Delta' x_i(k)|)}{\max(|\Delta' x_0(k)|,|\Delta' x_i(k)|)}, & \Delta' x_0(k)\Delta' x_i(k)\neq 0\\ 0,\quad \Delta' x_0(k)\Delta' x_i(k)=0\end{cases} \tag{2.11}$$

其中

$$\Delta' x_i(k)=x_i'(k)-x_i'(k-1)=\frac{x_i(k)}{\dfrac{1}{n-1}\sum_{k=2}^{n}|x_i(k)-x_i(k-1)|}-\frac{x_i(k-1)}{\dfrac{1}{n-1}\sum_{k=2}^{n}|x_i(k)-x_i(k-1)|}$$

$$=\frac{\Delta x_i(k)}{\dfrac{1}{n-1}\sum_{k=2}^{n}|\Delta x_i(k)|},\qquad k=2,3,\cdots,n$$

则 X_i 与 X_0 的 T 型关联度定义为

$$\gamma(X_0,X_i)=\frac{1}{n-1}\sum_{k=2}^{n}\gamma(x_0(k),x_i(k)) \tag{2.12}$$

8. 灰色综合关联度

X_i 与 X_0 的灰色综合关联度定义为

$$\gamma(X_0,X_i)=\alpha\gamma^{(1)}(X_0,X_i)+(1-\alpha)\gamma^{(2)}(X_0,X_i),\quad 0\leqslant\alpha\leqslant 1 \tag{2.13}$$

其中，$\gamma^{(1)}(X_0,X_i)$为X_i与X_0的点关联度；$\gamma^{(2)}(X_0,X_i)$为X_i与X_0的斜率关联度；α为调节系数，用来调节点关联度和斜率关联度作用的大小，一般取$\alpha=0.5$，即点关联度和斜率关联度的地位相同。

9. B 型关联度

X_i与X_0的B型关联度定义为

$$\gamma(X_0,X_i)=\frac{1}{1+\gamma'^{(0)}(X_0,X_i)+\gamma'^{(1)}(X_0,X_i)+\gamma'^{(2)}(X_0,X_i)} \tag{2.14}$$

其中，$\gamma'^{(0)}(X_0,X_i)=\frac{1}{n}\sum_{k=1}^{n}\left|\Delta x_{0i}(k)\right|$；$\gamma'^{(1)}(X_0,X_i)=\frac{1}{n-1}\sum_{k=2}^{n}\left|\Delta x_i(k)-\Delta x_0(k)\right|$；$\gamma'^{(2)}(X_0,X_i)=\frac{1}{n-2}\sum_{k=3}^{n}\left|\Delta^2 x_i(k)-\Delta^2 x_0(k)\right|$。

2.2.3 灰色关联四公理

各种典型灰色关联度模型显然是从不同的角度考虑，采用不同的方式度量序列之间的接近程度和序列曲线的形状、变化趋势的相似程度，因此各关联度模型具有各自的优点和不同的适用范围。由于事物本身的复杂性，以及评价信息的不确定性、模糊性、随机性等特点，很难从理论上证明哪种关联度模型好，因此相关文献的研究工作主要通过对关联度模型性质的分析和研究反映各种关联度模型的适用能力。这些性质包括规范性、整体性、对称性、接近性、平行性、一致性、仿射性等，其中规范性、整体性、对称性和接近性被称为灰色关联四公理[26]。灰色关联四公理是关联度度模型定义的基础，主要内容如下。

(1) 规范性

$$0<\gamma(X_0,X_i)\leqslant 1,\quad \gamma(X_0,X_i)=1 \text{ 当且仅当 } X_0=X_i$$

(2) 整体性

对$X_i,X_j\in X=\{X_s \mid s=0,1,\cdots,m;m\geqslant 2\}$，有

$$\gamma(X_i,X_j)\neq\gamma(X_j,X_i),\quad i\neq j$$

即参考序列的选择不同，关联度的计算结果不同。

(3) 对称性

对$X_i,X_j\in X=\{X_i,X_j\}$，有

$$\gamma(X_i, X_j) = \gamma(X_j, X_i)$$

即只有两个序列的情况下选择哪个作为参考序列都可以。

(4) 接近性

$|X_i(k) - X_j(k)|$越小，关联系数$\gamma(x_i(k), x_j(k))$越大。

灰色关联四公理是检验灰色关联度计算模型的重要标准。规范性表明系统中任何两个行为序列都不可能完全无关联，每个行为序列对自身是完全关联的。对称性和整体性表明，关联比较的环境对结果有影响，参考序列的选取会对排序结果产生影响，因此关联比较不满足对称性，关联关系随着数据的变化而变化。接近性是对关联度量化的约束，体现灰色关联度的基本思想。

邓氏关联度是人们最早提出的计算灰色关联度的模型，它严格满足灰色关联四公理，但现有的关联度模型并不是都满足灰色关联四公理。例如，T 型关联度模型计算的关联度 $\gamma(X_0, X_i) \in [-1,1]$，不满足规范性；斜率关联度模型在某些数据条件下，不能完全满足接近性等。此外，针对平行性、一致性、仿射性等性质，现有的研究也没有表明有哪种模型具备所有的性质。

2.2.4　常用的实数型指标无量纲化方法

灰色关联分析的实质是相对参考序列获得各比较序列的相对排序，因此数据序列必须具有较好的可比性。通常情况下，方案中的指标量纲并不相同，在进行关联度计算时不考虑指标量纲，只将指标值看作是一个数值，若不做处理，各属性实际上是以一种不公平的地位参与到关联度计算中。例如，导弹的有效射程可以是几千米，而射击精度却只有几米，这两个指标的评价值若仅从数值角度看，差异会十分显著，取值量级相对较大的指标对关联度计算结果的影响一般会明显大于取值量级小的。因此，一般需要对指标进行无量纲化处理。

由不同的指标无量纲化方法得到的数据不同，会直接影响序列的排序结果，因此指标无量纲化方法的建立或选择是个关键的问题。一般来说，指标按其性质可分为实数型指标和区间型指标，实数型指标值是实数，区间型指标值是一个区间。实数型指标又可划分为固定型指标和非固定型指标。固定型指标值越接近某个固定值越好。非固定型指标包括效益型指标和成本型指标。效益型指标值越大越好，如导弹射程、巡航高度等，成本型指标值越小越好，如导弹射击精度、转弯半径等。由此可见，指标的性质不同，对无量纲化方法的要求也不同，因此针对指标的不同性质需要采用不同的方法进行无量纲化处理。

在灰色关联分析中，常用的实数型指标无量纲化方法有如下几种[27]。

(1) 固定型指标无量纲方法

$$x_i(k) = 1 - \frac{|x_i(k) - x'(k)|}{\max_i |x_i(k) - x'(k)|} \tag{2.15}$$

其中，$x'(k)$ 表示第 k 个指标的固定值。

(2) 极值型指标无量纲化方法

该方法利用指标的极大值、极小值做指标的无量纲化处理。

对效益型指标，有

$$x_i(k) = \frac{x_i(k) - \min_i(x_i(k))}{\max_i(x_i(k)) - \min_i(x_i(k))} \tag{2.16}$$

对成本型指标，有

$$x_i(k) = \frac{\max_i(x_i(k)) - x_i(k)}{\max_i(x_i(k)) - \min_i(x_i(k))} \tag{2.17}$$

指标经过上述方法变换后，所有指标值 $x_i(k) \in [0,1]$，且指标值越大越好，便于比较，因此该方法在灰色关联多属性决策中得到广泛应用。

(3) 均值型指标无量纲化方法

该方法用每个指标的均值 $\frac{1}{m}\sum_{i=1}^{m} x_i(k)$ 去除相应的指标值 $x_i(k)$。无量纲化后的指标值实际上是各指标值相对该指标在所有方案均值的比。

对效益型指标，有

$$x_i(k) = \frac{x_i(k)}{\frac{1}{m}\sum_{i=1}^{m} x_i(k)} \tag{2.18}$$

对成本型指标，有

$$x_i(k) = \frac{\frac{1}{x_i(k)}}{\frac{1}{m}\sum_{i=1}^{m} \frac{1}{x_i(k)}} \tag{2.19}$$

(4) 比例型指标无量纲化方法

该方法用各指标值占该指标所有方案中取值总和的比例来代替原指标值，具体方法如下。

对效益型指标，有

$$x_i(k) = \frac{x_i(k)}{\sum_{i=1}^{m} x_i(k)} \tag{2.20}$$

对成本型指标，有

$$x_i(k)=\frac{\dfrac{1}{x_i(k)}}{\displaystyle\sum_{i=1}^{m}\frac{1}{x_i(k)}} \tag{2.21}$$

2.2.5 灰色关联多属性决策方法的基本步骤

在明确评价或评估对象、范围、目标等的情况下，灰色关联多属性决策方法的基本步骤如下。

Step1，确定比较序列。

确定比较序列实际上就是收集评价信息或决策信息，这是决策的依据。设 $A=\{A_1,A_2,\cdots,A_m\}$ 为决策问题的决策方案集，$C=\{C_1,C_2,\cdots,C_n\}$ 为 n 个评价指标(属性)组成的方案属性集，我们用 m 个比较序列代表决策方案集中 m 个待选方案，记为 $X_i=(x_i(1),x_i(2),\cdots,x_i(n))$，$i=1,2,\cdots,m$，其中 $x_i(k)$ 表示第 i 个方案在第 k 个指标或属性下的评价值。

Step2，指标无量纲化。

指标的无量纲化处理对序列间的相对状态有影响，因此要针对实际决策问题的评价目标、数据特点等选用合适的方法。

Step3，确定参考序列。

由灰色关联四公理中的整体性可知，参考序列的确定影响序列排序结果，一般应根据指标的性质采用不同的方法确定。对固定型指标，一般选取需要满足的指标固定值构成参考序列；对非固定型指标，若指标经过无量纲化处理，所有指标值越大越好，通常有两种方式确定参考序列：一种是选定最优方案作为参考序列，它的每个指标值都是待选方案集中该指标的最优值(最大值)，记为 $X_0=(x_0(1),x_0(2),\cdots,x_0(n))$，其中 $x_0(k)=\max\limits_i(x_i(k))$；另一种是借鉴 TOPSIS 方法，选定评价对象的理想解和负理想解作为正参考序列和负参考序列，记为 $X_0^+=(x_0^+(1),x_0^+(2),\cdots,x_0^+(n))$，$X_0^-=(x_0^-(1),x_0^-(2),\cdots,x_0^-(n))$，其中 $x_0^+(k)=\max\limits_i(x_i(k))$，$x_0^-(k)=\min\limits_i(x_i(k))$。

Step4，计算关联系数 $\gamma(x_i(k),x_j(k))$。

有些关联度模型中没有定义关联系数，则直接进入下一步。

Step5，建立关联度模型，计算比较序列与参考序列之间的灰色关联度。

若无须考虑指标权重，则通过对各点处的关联系数求算术平均，得到关联度；若需要考虑指标的权重，则通过对各点处的关联系数求加权平均得到关联度，即

$$\gamma(X_0,X_i)=\sum_{k=1}^{n}\omega_k\gamma(x_0(k),x_i(k)) \tag{2.22}$$

其中，ω_k 是第 k 个指标的权重。

若参考序列选择正负理想解，则需要分别计算与理想解的关联度 $\gamma^+(X_0^+, X_i)$，以及与负理想解的关联度 $\gamma^-(X_0^-, X_i)$，然后计算综合关联度，即

$$\gamma_{0i} = \frac{\gamma^+(X_0^+, X_i)}{\gamma^+(X_0^+, X_i) + \gamma^-(X_0^-, X_i)} \tag{2.23}$$

Step6，按关联度大小得到待比较方案的关联序，即方案的排序。

2.3 关联度模型与指标无量纲化方法的适用性分析及改进

不同的灰色关联度模型或者指标无量纲化方法是从不同的角度考虑建立的，因此各自有其优点和一定的适用范围。在不同的灰色关联度模型或者指标无量纲化方法的处理下，得到的方案排序往往不一样。在实际多属性决策问题中，究竟哪种排序结果更客观、更科学是人们关心的问题，但由于关联度模型、指标无量纲化方法通常是基于经验建立的，面对的评价信息一般也是灰色、模糊、不完备的，因此很难从理论上精确分析、推导各种模型或方法的适用能力，也很难用实际数据检验哪种排序结果更准确、合理。为了分析各种灰色关联度模型，以及指标无量纲化方法的适用性，本节结合对原始数据相对状态特点的分析，从方案排序结果对比分析各种关联度模型，以及指标无量纲化方法的适用性。

2.3.1 几种典型的灰色关联度模型思路分析

灰色关联的基本思想是根据序列曲线之间的关系密切程度来判断因素之间的关联程度[26]，对序列曲线之间的关系密切程度，显然可以从两个角度来衡量：一个是曲线中点的空间位置接近程度，这种点空间位置的接近程度应该可以部分表征该点所代表的因素之间的关联程度；另一个是序列曲线的形状或变化趋势的相似程度。

一般认为，序列曲线中所有点的空间位置越接近，曲线形状的相似度越高。这表明序列之间的关联或关系密切程度越高，因此灰色关联度模型构建的核心问题是如何准确地度量序列之间的关系密切程度，获得序列之间的灰色关联序。不难看出，现有的几种典型关联度模型实际上是围绕点空间位置的接近程度、序列曲线形状或变化趋势的相似程度两个角度来构建的，主要有三种思路。第一种思路是基于序列中点之间的位置差异信息来度量点的空间位置接近程度，并综合所有点的位置接近程度计算序列之间的关联度，其中点位置的差异信息主要利用序列 X_i 与 X_0 在 k 点处的位移差的绝对值来表示，即 $|\Delta x_{0i}(k)| = |x_0(k) - x_i(k)|$。第二种思路是将序列中的所有点用折线连接起来，形成二维空间中的曲线(为与一般的

曲线区分，序列中所有点连接起来的折线通常称为序列曲线)，通过衡量序列曲线形状或变化趋势之间的相似程度计算序列之间的灰色关联度，其曲线形状或变化趋势相似程度的度量主要利用序列 X_i 在 k 点处的一阶斜率和序列 X_i 在 k 点处的二阶斜率。第三种思路是对前两种思路的综合，即分别利用位移差和斜率信息度量序列曲线的空间位置接近程度和变化趋势的相似程度，并以二者的综合信息反映序列之间的关系密切程度，即灰色关联度。

目前提出的各种关联度模型虽然以不同的方式利用位移差、一阶斜率和二阶斜率信息，但从本质上看，都是围绕上述三种思路构建的关联度模型，因此可将各种关联度模型划分为以下三类。

(1) 基于序列曲线点空间位置信息的关联度模型

这类模型主要包括邓氏关联度、点关联度，以及灰色绝对和灰色相对关联度模型。邓氏关联度以位移差的绝对值 $|\Delta x_{0i}(k)|=|x_0(k)-x_i(k)|$ 反映序列 X_i 与 X_0 在 k 点处位置的接近程度。点关联模型与邓氏关联度模型类似，但不考虑位移的两级最小绝对差 $\min\limits_i \min\limits_k |x_0(k)-x_i(k)|$。广义灰色绝对和相对关联度模型不仅利用位移差信息，还考虑序列相对始点的变化，只不过一个是相对始点的绝对变化 $x_i(k)-x_i(1)$，一个是相对始点的变化率 $\dfrac{x_i(k)-x_i(1)}{x_i(1)}$。从二维空间看，这两种模型实际上都是将序列的起始点移到坐标原点位置，因此可以看做是利用两个序列折线间的面积来衡量序列之间的空间位置接近程度。

(2) 基于序列曲线之间形状或变化趋势信息的关联度模型

这类关联度模型主要包括斜率关联度、相对斜率关联度和 T 型关联度模型。斜率关联度和相对斜率关联度都是以斜率差计算关联度的。灰色斜率关联度利用相对序列取值的均值的斜率差信息 $\left|\dfrac{\Delta x_i(k)}{\overline{x}_i}-\dfrac{\Delta x_0(k)}{\overline{x}_0}\right|$。相对斜率关联度利用相对序列起始点的斜率差信息 $\left|\dfrac{\Delta x_i(k)}{x_i(1)}-\dfrac{\Delta x_0(k)}{x_0(1)}\right|$。T 型关联度与斜率和相对斜率关联度不同，它以斜率比计算关联度。斜率比信息主要体现在 $\dfrac{\min(|\Delta' x_0(k)|,|\Delta' x_i(k)|)}{\max(|\Delta' x_0(k)|,|\Delta' x_i(k)|)}$。斜率可以反映曲线的变化趋势，通过两序列的斜率差或斜率比计算关联度，本质是度量两序列的曲线形状或发展趋势的相似程度，因此上述三种模型的基本思想是一致的，只是在具体计算中使用序列曲线斜率信息的方式不同。

(3) 综合关联度模型

综合关联度模型实际上是以某种组合方式综合利用位移差和斜率信息，主要有灰色综合关联度和 B 型关联度。灰色综合关联度以线性加权组合的方式综合点关联度和斜率关联度，实际上就是综合利用序列空间位置的接近程度和序列曲线几何形状的相似程度两方面信息。B 型关联度比灰色综合关联度更多地使用二阶斜率。

2.3.2　基于算例的典型灰色关联度模型适用性分析

算例 2.1　已知 X_0 为参考序列，X_1,X_2,X_3,X_4 为比较序列，均为固定型指标，数据来自文献[26]，具体如下，即

$$X_0=\{4.37,6.15,2.71,0.29,3.08\}$$
$$X_1=\{5.94,7.62,4.28,0.31,2.43\}$$
$$X_2=\{6.20,6.91,5.12,0.22,4.81\}$$
$$X_3=\{3.52,4.22,2.54,0.11,1.80\}$$
$$X_4=\{4.81,6.27,3.29,0.18,2.47\}$$

算例 2.2　已知 X_0 为参考序列，X_1,X_2,X_3 为比较序列，均为固定型指标，具体如下，即

$$X_0=\{1.0,2.0,2.5,2.5,3.0,5.0,6.0\}$$
$$X_1=\{1.0,1.8,2.3,2.4,2.8,4.8,5.8\}$$
$$X_2=\{1.0,1.8,2.3,2.0,3.0,4.1,5.7\}$$
$$X_3=\{1.0,2.19,2.5,2.1,3.0,4.25,5.8\}$$

算例 2.1 和算例 2.2 的关联度计算结果如表 2.1 所示。

表 2.1　算例 2.1 和算例 2.2 的关联度计算结果

算例 2.1		算例 2.2	
关联度模型	关联序	关联度模型	关联序
邓氏关联度	$X_4 \succ X_3 \succ X_1 \succ X_2$	邓氏关联度	$X_3 \succ X_1 \succ X_2$
点关联度	$X_4 \succ X_3 \succ X_1 \succ X_2$	点关联度	$X_3 \succ X_1 \succ X_2$
灰色综合关联度	$X_4 \succ X_3 \succ X_1 \succ X_2$	绝对关联度	$X_1 \succ X_3 \succ X_2$
绝对关联度	$X_3 \succ X_4 \succ X_2 \succ X_1$	相对关联度	$X_1 \succ X_3 \succ X_2$
相对关联度	$X_2 \succ X_4 \succ X_3 \succ X_1$	斜率关联度	$X_1 \succ X_3 \succ X_2$
斜率关联度	$X_4 \succ X_1 \succ X_3 \succ X_2$	相对斜率关联度	$X_1 \succ X_3 \succ X_2$
相对斜率关联度	$X_4 \succ X_1 \succ X_3 \succ X_2$	T 型关联度	$X_1 \succ X_3 \succ X_2$
T 型关联度	$X_4 \succ X_1 \succ X_3 \succ X_2$	灰色综合关联度	$X_1 \succ X_3 \succ X_2$
B 型关联度	$X_4 \succ X_1 \succ X_3 \succ X_2$	B 型关联度	$X_1 \succ X_3 \succ X_2$

(1) 序列数据原始相对状态的特点分析

算例 2.1 和算例 2.2 原始序列曲线如图 2.1 所示。

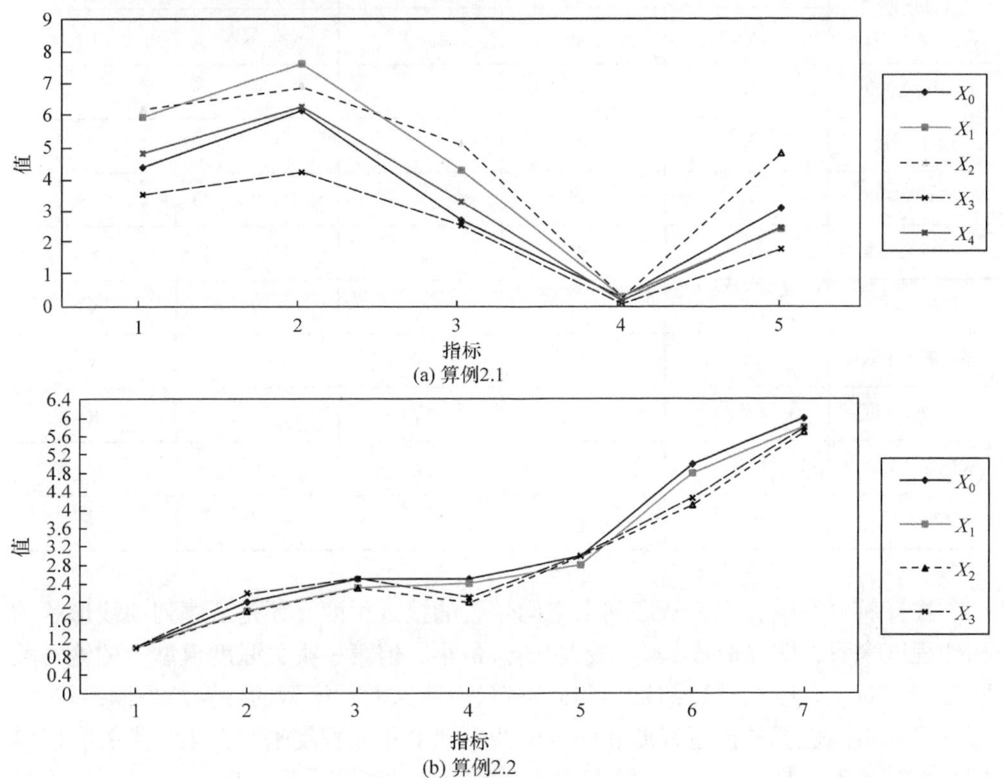

(a) 算例2.1

(b) 算例2.2

图 2.1　算例 2.1 和算例 2.2 原始序列曲线

由图 2.1(a)明显可见，X_4 与 X_0 的曲线几何形状最相似，空间位置也最接近，所以 γ_{04} 应该最大；若从序列空间位置距离的接近程度看，应该是 $\gamma_{04} > \gamma_{03} > \gamma_{01} > \gamma_{02}$，但从序列曲线形状或变化趋势的相似程度看，应该有 $\gamma_{04} > \gamma_{01} > \gamma_{03} > \gamma_{02}$。因此，对于算例 2.1，$X_2$ 和 X_4 相对参考序列的状态差异较明显，而 X_1 和 X_3 相对参考序列的状态比较接近。由图 2.1（b）可见，X_1 与 X_0 的曲线几何形状最相似，空间位置也最接近，所以 γ_{01} 应该最大；若从序列空间位置距离的接近程度看，应该是 $\gamma_{01} > \gamma_{03} > \gamma_{02}$；从序列的曲线形状或发展趋势的相似程度看，也应该是 $\gamma_{01} > \gamma_{03} > \gamma_{02}$。

(2) 算例计算结果的分析

根据表 2.1，结合我们对算例 2.1 和算例 2.2 原始数据相对状态的分析，各关联度模型的计算结果特点对比如表 2.2 所示。

表 2.2　各关联度模型计算结果特点对比

关联度模型	算例 2.1			算例 2.2	
	γ_{04} 最大	$\gamma_{03}>\gamma_{01}$	$\gamma_{01}>\gamma_{03}$	γ_{01} 最大	$\gamma_{03}>\gamma_{02}$
邓氏关联度	√	√	×	×	√
点关联度	√	√	×	×	√
绝对关联度	×	√	×	√	√
相对关联度	×	√	×	√	√
斜率关联度	√	×	√	√	√
相对斜率关联度	√	×	√	√	√
T 型关联度	√	×	√	√	√
灰色综合关联度	√	√	×	√	√
B 型关联度	√	×	√	√	√

在算例 2.1 中，无论从序列点空间位置的接近程度，还是从序列曲线形状的相似程度来看，明显应该是 γ_{04} 最大、γ_{02} 最小，但第一类关联度模型中的绝对关联度和相对关联度的计算结果却与此不符，表明这两种模型的计算结果偏差较大。若从序列空间位置的接近程度和序列曲线形状的相似程度来看，第一类关联度模型计算结果都支持 $\gamma_{03}>\gamma_{01}$，第二类关联度模型计算结果都支持 $\gamma_{01}>\gamma_{03}$，这恰好体现了这两类关联度模型的不同思路，此时第三类模型中的灰色综合关联度计算结果支持 $\gamma_{03}>\gamma_{01}$，B 型关联度支持 $\gamma_{01}>\gamma_{03}$。

从算例 2.1 和算例 2.2 计算结果的对比角度来看，算例 2.2 中各关联度模型的方案排序结果的一致性明显好于算例 2.1。这表明，在序列曲线原始的相对状态比较明确的情况下，关联度模型的适用性较好。但是，第一类关联度模型中的邓氏关联度和点关联度的计算结果与对序列曲线直观观察到的情况不符。

从整体方案排序结果看，第二类和第三类关联度模型计算结果较第一类关联度模型的计算结果要合理一些。算例 2.2 的序列曲线直观观察到的序列排序较明确，即不论从何种角度看都应该是 $\gamma_{01}>\gamma_{03}>\gamma_{02}$，但序列整体上的空间位置都比较接近。邓氏关联度和点关联度容易受到两级极大差和极小差的影响，使方案的排序出现不合理的结果，即不支持 γ_{01} 最大。绝对关联度和相对关联度都考虑序列相对始点的变化，若各序列始点差异较明显，模型做 $x_i(k)-x_i(1)$ 或 $\dfrac{x_i(k)-x_i(1)}{x_i(1)}$ 处理时，实际上对各比较序列可能构成一种不公平的处理，破坏比较序列间原本的相对状态。算例 2.1 序列的起始点差异较明显，此时绝对关联度和相对关联度的计算结果与直观观察到结果明显不符，即不支持γ_{04}最大、γ_{02}最小。对算例 2.2，由于所有序列始点一样，都为 1，因此没有产生影响，即计算结果与直观观察到的情况相符。

(3) 模型适用性分析

综上分析，邓氏关联度和点关联度模型对两级极大差和极小差敏感，而绝对和相对关联度模型又明显受起始点的影响。它们的计算结果不能稳定体现其思路，在实际使用中难以掌握，所以在三类模型中，第一类模型的适用能力最差。

第二类关联度模型可以稳定地体现利用序列曲线之间的形状或变化趋势的相似程度来衡量序列之间的关联程度的思路，不论对算例 2.1，还是算例 2.2 中的数据，其计算结果与思路都是相符的。由算例 2.1 的计算结果可见，第二类模型计算结果都支持$\gamma_{01}>\gamma_{03}$，相对来说，该类模型较不重视序列的空间位置信息，因此该类模型适用于更关注数据变化趋势的决策或评估。

相对第一、二类模型，第三类关联度模型从综合序列空间位置接近程度和序列曲线形状相似程度的角度进行关联度计算，既可以关注到序列的空间位置信息，又可以考虑序列曲线变化趋势的信息，因此第三类关联度模型的适用能力要强一些。在第三类模型中，由于 B 型关联度模型较灰色综合关联度模型多用了二阶斜率信息，因此其计算结果支持$\gamma_{01}>\gamma_{03}$，表明其更重视曲线形状或变化趋势的信息；灰色综合关联度模型较 B 型关联度模型的物理意义明确，且根据实际应用中更加关注指标值的接近程度，还是指标取值的变化趋势，可以方便地通过改变调节系数α的大小来适应实际问题对空间位置和曲线形状的不同关注程度。因此，灰色综合关联度模型的适用性最好。

2.3.3　基于算例的指标无量纲化方法的适用性分析

基于灰色关联分析方法得到的是各比较序列关于参考序列的相对排序，而不是关注指标的评价值，因此在进行指标无量纲化处理时，关键问题是要使各比较序列之间具有可比性，同时还应尽量使各比较序列与参考序列之间的空间位置接近程度和曲线形状相似程度的相对状态不变，以减少无量纲化处理对方案排序的影响。

为验证各种指标无量纲化方法对关联度计算结果的影响，分析其适用范围，给出适用能力强的处理方法，我们进行如下算例分析。

算例 2.3　对固定型指标无量纲化方法的算例分析。

对算例 2.1 中的数据进行无量纲处理后，得到的序列为

$$X_0=\{4.37,6.15,2.71,0.29,3.08\}$$
$$X_1=\{0.1421,0.2383,0.3485,0.8889,0.6243\}$$
$$X_2=\{0,0.6062,0,0.6111,0\}$$
$$X_3=\{0.5355,0,0.9295,0,0.2601\}$$
$$X_4=\{0.7596,0.9378,0.7593,0.3889,0.6474\}$$

基于固定型指标无量纲化方法处理后的序列曲线如图 2.2 所示。基于固定型指标无量纲化方法处理后的关联度计算结果如表 2.3 所示。

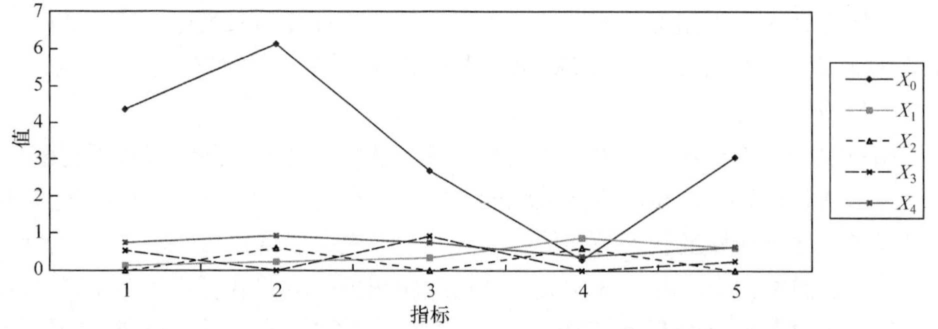

图 2.2　基于固定型指标无量纲化方法处理后的序列曲线

表 2.3　基于固定型指标无量纲化方法处理后的关联度计算结果

关联度模型	关联度	关联序
邓氏关联度	$\gamma_{01}=0.5619,\gamma_{02}=0.5587$ $\gamma_{03}=0.5877,\gamma_{04}=0.6131$	$X_4\succ X_3\succ X_1\succ X_2$
点关联度	$\gamma_{01}=0.5444,\gamma_{02}=0.5413$ $\gamma_{03}=0.5694,\gamma_{04}=0.5940$	$X_4\succ X_3\succ X_1\succ X_2$
绝对关联度	$\gamma_{01}=0.5306,\gamma_{02}=0.5328$ $\gamma_{03}=0.6243,\gamma_{04}=0.5673$	$X_3\succ X_4\succ X_2\succ X_1$
相对关联度	$\gamma_{01}=0.5175,\gamma_{02}=\text{NaN}$ $\gamma_{03}=0.8646,\gamma_{04}=0.7638$	无意义
斜率关联度	$\gamma_{01}=0.4125,\gamma_{02}=0$ $\gamma_{03}=0.5063,\gamma_{04}=0.8013$	$X_4\succ X_3\succ X_1\succ X_2$

续表

关联度模型	关联度	关联序
相对斜率关联度	$\gamma_{01}=0.6188, \gamma_{02}=0.4315$ $\gamma_{03}=0.5500, \gamma_{04}=0.8154$	$X_4 \succ X_1 \succ X_3 \succ X_2$
T 型关联度	$\gamma_{01}=-0.2486, \gamma_{02}=0$ $\gamma_{03}=0, \gamma_{04}=0.6999$	$X_4 \succ X_2, X_3 \succ X_1$
灰色综合关联度	$\gamma_{01}=0.5816, \gamma_{02}=0.4864$ $\gamma_{03}=0.5597, \gamma_{04}=0.7047$	$X_4 \succ X_1 \succ X_3 \succ X_2$
B 型关联度	$\gamma_{01}=0.0920, \gamma_{02}=0.0965$ $\gamma_{03}=0.0894, \gamma_{04}=0.1044$	$X_4 \succ X_2 \succ X_1 \succ X_3$

对比图 2.2 与图 2.1(a)，无量纲化处理后，各比较序列与参考序列的差异明显加大，此时不能明显观察到序列的排序，表明它们的相对状态有所改变。对比表 2.3 和表 2.2 中的计算结果，此时出现六种计算结果，各类模型计算结果都比较混乱，这显然和比较序列对参考序列的相对状态有所改变有关。此外，规范化后序列 X_3 出现数字 0，导致在广义灰色相对关联度模型中出现分母为 0 的情况，因此结果无意义；T 型关联度模型无法区分 γ_{02} 和 γ_{03}，因此不能对 X_2 和 X_3 排序。

算例 2.4　对算例 2.2 中的数据进行无量纲化处理，此时出现 $\max\limits_i\left|x_i(1)-x_0(1)\right|=0$ 的情况，这样就计算不出 $x_i(1)$ 的值，因此对算例 2.2 这种数据，该方法不适用。

以上算例计算情况表明，该无量纲化方法影响各比较序列指标的可比性，导致排序结果比较混乱，且对某些数据情况不适用。

算例 2.5　对基于极值型指标无量纲化方法的算例分析。

已知 X_1, X_2, X_3, X_4 为比较序列，其中第 4 个指标为成本型指标，其余为效益型指标，理想解记为 X_0^+，其具体数据为

$$X_0^+=\{6.20, 7.62, 5.12, 0.11, 4.81\}$$
$$X_1=\{5.94, 7.62, 4.28, 0.31, 2.43\}$$
$$X_2=\{6.20, 6.91, 5.12, 0.22, 4.81\}$$
$$X_3=\{3.52, 4.22, 2.54, 0.11, 1.80\}$$
$$X_4=\{4.81, 6.27, 3.29, 0.18, 2.47\}$$

用极值型指标无量纲化方法处理后的数据为

$$X_0^+ = \{1,1,1,1,1\}$$
$$X_1 = \{0.903,1,0.6744,0,0.2093\}$$
$$X_2 = \{1,0.7912,1,0.45,1\}$$
$$X_3 = \{0,0,0,1,0\}$$
$$X_4 = \{0.4813,0.6029,0.2907,0.65,0.2226\}$$

基于极值型无量纲化方法处理后的序列曲线如图 2.3 所示。基于极值型指标无量纲化方法处理后的关联度计算结果如表 2.4 所示。

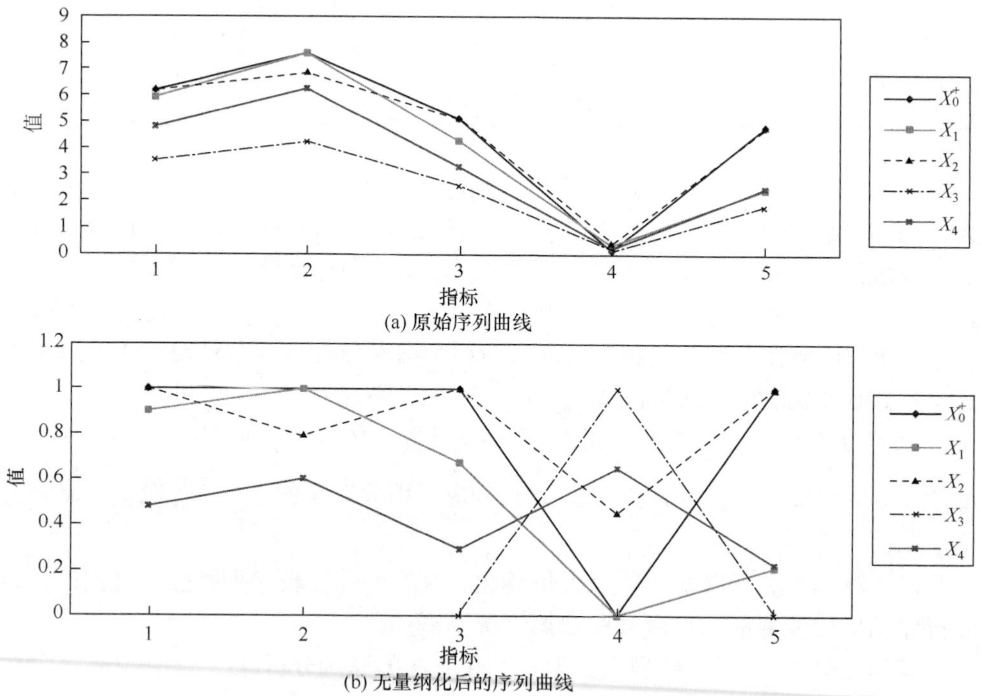

图 2.3 基于极值型无量纲化方法处理后的序列曲线

表 2.4 基于极值型指标无量纲化方法处理后的关联度计算结果

关联度模型	关联度	关联序
邓氏关联度	$\gamma_{01}=0.6328, \gamma_{02}=0.8363$ $\gamma_{03}=0.4667, \gamma_{04}=0.4883$	$X_2 \succ X_1 \succ X_4 \succ X_3$
点关联度	$\gamma_{01}=0.6328, \gamma_{02}=0.8363$ $\gamma_{03}=0.4667, \gamma_{04}=0.4883$	$X_2 \succ X_1 \succ X_4 \succ X_3$
相对斜率关联度	$\gamma_{01}=0.6656, \gamma_{02}=0.7046$ $\gamma_{03}=0.5833, \gamma_{04}=0.6114$	$X_2 \succ X_1 \succ X_4 \succ X_3$

续表

关联度模型	关联度	关联序
灰色综合关联度	$\gamma_{01}=0.6492, \gamma_{02}=0.7704$ $\gamma_{03}=0.5250, \gamma_{04}=0.5498$	$X_2 \succ X_1 \succ X_4 \succ X_3$
B 型关联度	$\gamma_{01}=0.4309, \gamma_{02}=0.4367$ $\gamma_{03}=0.3030, \gamma_{04}=0.4022$	$X_2 \succ X_1 \succ X_4 \succ X_3$
绝对关联度	$\gamma_{01}=0.5917, \gamma_{02}=0.6986$ $\gamma_{03}=0.6667, \gamma_{04}=0.8171$	$X_4 \succ X_2 \succ X_3 \succ X_1$
相对关联度	$\gamma_{01}=0.75893, \gamma_{02}=0.6986$ $\gamma_{03}=\text{NaN}, \gamma_{04}=0.7275$	无意义
斜率关联度	$\gamma_{01}=0.7556, \gamma_{02}=0.7362$ $\gamma_{03}=\text{NaN}, \gamma_{04}=0.6268$	无意义
T 型关联度	$\gamma_{01}=\text{NaN}, \gamma_{02}=\text{NaN}$ $\gamma_{03}=\text{NaN}, \gamma_{04}=\text{NaN}$	无意义

由图 2.3 可见，无量纲化处理前，从序列曲线直观观察，无论从序列的空间位置接近程度，还是序列曲线形状的相似程度角度考虑，各序列的关联序应该是 $X_2 \succ X_1 \succ X_4 \succ X_3$，但无量纲化处理后，序列 X_1、X_4 的排序通过直观观察并不清楚；用极值型指标无量纲化方法处理后，有五种模型计算结果的关联序与 $X_2 \succ X_1 \succ X_4 \succ X_3$ 相符，但是该方法不是对所有模型都适用，相对关联度模型、斜率关联度模型和 T 型关联度的结算结果无意义。

算例 2.6　基于均值型指标无量纲化方法对固定型指标处理的算例分析。

采用均值型指标无量纲化方法，对算例 2.1 中的数据进行无量纲化处理。由于是固定型指标，这里分两种形式进行处理：一种是不改变参考序列，另一种是对参考序列做同样的处理。处理后的数据分别如下。

第一种形式为

$$X_0=\{4.37, 6.15, 2.71, 0.29, 3.08\}$$
$$X_1=\{1.1607, 1.2182, 1.1241, 1.5122, 0.8445\}$$
$$X_2=\{1.2115, 1.1047, 1.3447, 1.0732, 1.6716\}$$
$$X_3=\{0.6878, 0.6747, 0.6671, 0.5366, 0.6255\}$$
$$X_4=\{0.9399, 1.0024, 0.8641, 0.8780, 0.8584\}$$

第二种形式为

$$X_0 = \{0.8539, 0.9832, 0.7118, 1.4146, 1.0704\}$$
$$X_1 = \{1.1607, 1.2182, 1.1241, 1.5122, 0.8445\}$$
$$X_2 = \{1.2115, 1.1047, 1.3447, 1.0732, 1.6716\}$$
$$X_3 = \{0.6878, 0.6747, 0.6671, 0.5366, 0.6255\}$$
$$X_4 = \{0.9399, 1.0024, 0.8641, 0.8780, 0.8584\}$$

基于均值型无量纲化方法的算例 2.6 的序列曲线如图 2.4 所示。基于均值型无量纲化方法的算例 2.6 计算结果如表 2.5 所示。

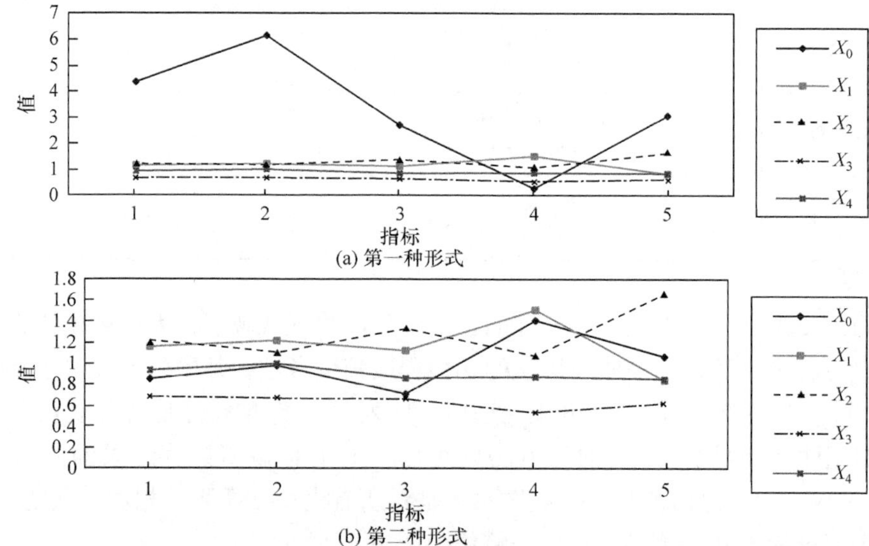

(a) 第一种形式

(b) 第二种形式

图 2.4　基于均值型无量纲化方法的算例 2.6 的序列曲线

表 2.5　基于均值型无量纲化方法的算例 2.6 计算结果

第一种形式		第二种形式	
关联度模型	关联序	关联度模型	关联序
邓氏关联度	$X_2 \succ X_3 \succ X_4 \succ X_1$	邓氏关联度	$X_4 \succ X_1 \succ X_3 \succ X_2$
点关联度	$X_2 \succ X_3 \succ X_4 \succ X_1$	点关联度	$X_4 \succ X_1 \succ X_3 \succ X_2$
斜率关联度	$X_2 \succ X_3 \succ X_4 \succ X_1$	灰色综合关联度	$X_4 \succ X_1 \succ X_3 \succ X_2$
相对斜率关联度	$X_2 \succ X_3 \succ X_4 \succ X_1$	绝对关联度	$X_2 \succ X_1 \succ X_4 \succ X_3$
灰色综合关联度	$X_2 \succ X_3 \succ X_4 \succ X_1$	相对关联度	$X_2 \succ X_1 \succ X_4 \succ X_3$
绝对关联度	$X_3 \succ X_4 \succ X_1 \succ X_2$	斜率关联度	$X_1 \succ X_4 \succ X_3 \succ X_2$
相对关联度	$X_3 \succ X_4 \succ X_1 \succ X_2$	相对斜率关联度	$X_1 \succ X_4 \succ X_3 \succ X_2$
T 型关联度	$X_3 \succ X_1$、X_2、X_4	T 型关联度	$X_1 \succ X_4 \succ X_3 \succ X_2$
B 型关联度	$X_2 \succ X_4 \succ X_3 \succ X_1$	B 型关联度	$X_1 \succ X_4 \succ X_3 \succ X_2$

由图 2.4 不难看出，第一种形式没有对参考序列做变换，导致比较序列与参考序列的差异明显增强，不但会降低指标的可比性，而且比较序列间的相对状态也改变明显。由表 2.5 可见，此时其排序结果比较混乱，且 T 型关联度模型不能得到 X_1、X_2、X_4 的排序。对第二种形式，由表 2.5 可见，除绝对和相对关联度模型外，第一类模型和灰色综合关联度模型支持 $X_4 \succ X_1 \succ X_3 \succ X_2$，第二类模型和 B 型关联度模型支持 $X_1 \succ X_4 \succ X_3 \succ X_2$。结合图 2.4(b)可见，计算结果基本与各关联度模型的思路相符，且此时所有模型均可正常使用。综合来看，在指标的适用性方面，第二种形式明显优于第一种形式。表 2.5 的计算结果也表明了这点。

对比图 2.1(a)和图 2.4(b)可见，采用第二种形式的均值型指标无量纲化方法处理后，比较序列相对参考序列的分布状态与原始状态有一些不同，因此各关联度模型得到的序列关联序也有所不同。

算例 2.7　基于均值型指标无量纲化方法对非固定型指标处理的算例分析。

采用均值型无量纲化方法对算例 2.5 中的数据进行处理，处理后的数据为

$$X_0^+ = \{1.2115, 1.2182, 1.3477, 1.6221, 1.6716\}$$
$$X_1 = \{1.1607, 1.2182, 1.1241, 0.5756, 0.8445\}$$
$$X_2 = \{1.2115, 1.1047, 1.3447, 0.8111, 1.6716\}$$
$$X_3 = \{0.6878, 0.6747, 0.6671, 1.6221, 0.6255\}$$
$$X_4 = \{0.9399, 1.0024, 0.8641, 0.9913, 0.8584\}$$

基于均值型无量纲化方法的算例 2.7 的序列曲线如图 2.5 所示。基于均值型无量纲化方法的算例 2.7 计算结果如表 2.6 所示。

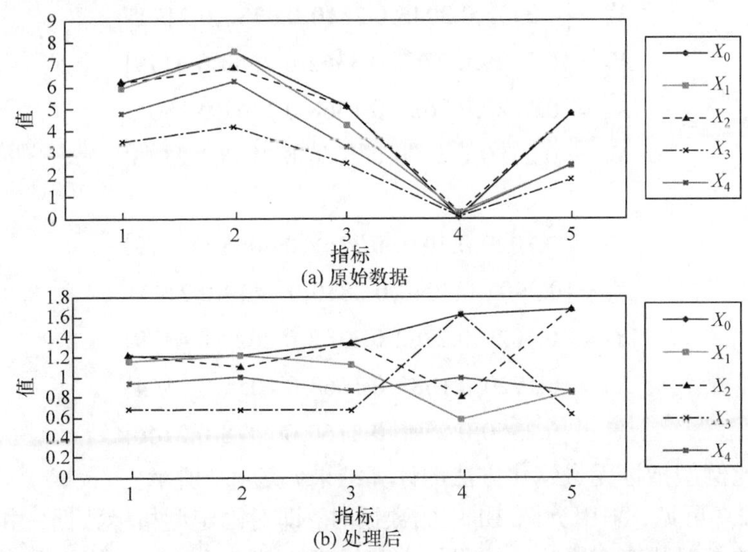

图 2.5　基于均值型无量纲化方法的算例 2.7 的序列曲线

表 2.6　基于均值型无量纲化方法的算例 2.7 计算结果

关联度模型	关联序
邓氏关联度	$X_2 \succ X_1 \succ X_3 \succ X_4$
点关联度	$X_2 \succ X_1 \succ X_3 \succ X_4$
绝对关联度	$X_3 \succ X_2 \succ X_4 \succ X_1$
相对关联度	$X_3 \succ X_2 \succ X_4 \succ X_1$
斜率关联度	$X_4 \succ X_1 \succ X_3 \succ X_2$
相对斜率关联度	$X_4 \succ X_1 \succ X_3 \succ X_2$
T 型关联度	X_1、X_2、$X_4 \succ X_3$
灰色综合关联度	$X_2 \succ X_1 \succ X_4 \succ X_3$
B 型关联度	$X_4 \succ X_1 \succ X_2 \succ X_3$

由图 2.5 可见，相对原始数据的状态，无量纲处理使序列的相对状态改变明显。由表 2.6 的结果也明显可见，此时的计算结果排序混乱。

算例 2.8　基于比例型指标无量纲化方法对固定型和非固定型指标处理的算例分析。

采用比例型无量纲化方法分别对算例 2.1 和算例 2.5 中的数据进行处理，处理后数据分别为

$$X_0 = \{0.2135, 0.2458, 0.1779, 0.3537, 0.2676\}$$
$$X_1 = \{0.2902, 0.3046, 0.2810, 0.3780, 0.2111\}$$
$$X_2 = \{0.3029, 0.2762, 0.3362, 0.2683, 0.4179\}$$
$$X_3 = \{0.1720, 0.1687, 0.1668, 0.1341, 0.1564\}$$
$$X_4 = \{0.2350, 0.2506, 0.2160, 0.2195, 0.2146\}$$

和

$$X_0 = \{0.3029, 0.3046, 0.3362, 0.4055, 0.4179\}$$
$$X_1 = \{0.2902, 0.3046, 0.2810, 0.1439, 0.2111\}$$
$$X_2 = \{0.3029, 0.2762, 0.3362, 0.2028, 0.4179\}$$
$$X_3 = \{0.1720, 0.1687, 0.1668, 0.4055, 0.1564\}$$
$$X_4 = \{0.2350, 0.2506, 0.2160, 0.2478, 0.2146\}$$

基于比例型指标无量纲化方法的计算结果如表 2.7 所示。

由表 2.7 可见，采用算例 2.1 中的数据时，即对固定型指标数据，由于无量纲化对序列的相对状态有影响，所得的方案排序与基于原始数据的结果略有区别，但邓氏关联度、点关联度、灰色综合关联度仍然得到与基于原始数据相同的排序

结果；采用算例 2.5 的数据时，得到的排序结果较混乱，且 T 型关联度模型无法区分 X_1、X_2、X_4 的关联序。

表 2.7　基于比例型指标无量纲化方法的计算结果

固定型指标		非固定型指标	
关联度模型	关联序	关联度模型	关联序
邓氏关联度	$X_4 \succ X_1 \succ X_3 \succ X_2$	邓氏关联度	$X_2 \succ X_1 \succ X_3 \succ X_4$
点关联度	$X_4 \succ X_1 \succ X_3 \succ X_2$	点关联度	$X_2 \succ X_1 \succ X_3 \succ X_4$
灰色综合关联度	$X_4 \succ X_1 \succ X_3 \succ X_2$	绝对关联度	$X_3 \succ X_2 \succ X_4 \succ X_1$
绝对关联度	$X_2 \succ X_1 \succ X_4 \succ X_3$	相对关联度	$X_3 \succ X_2 \succ X_4 \succ X_1$
相对关联度	$X_2 \succ X_1 \succ X_4 \succ X_3$	T 型关联度	X_1、X_2、$X_4 \succ X_3$
斜率关联度	$X_1 \succ X_4 \succ X_3 \succ X_2$	斜率关联度	$X_4 \succ X_1 \succ X_2 \succ X_3$
相对斜率关联度	$X_1 \succ X_4 \succ X_3 \succ X_2$	相对斜率关联度	$X_4 \succ X_1 \succ X_2 \succ X_3$
T 型关联度	$X_1 \succ X_4 \succ X_3 \succ X_2$	B 型关联度	$X_4 \succ X_1 \succ X_2 \succ X_3$
B 型关联度	$X_1 \succ X_4 \succ X_3 \succ X_2$	灰色综合关联度	$X_2 \succ X_1 \succ X_4 \succ X_3$

综合上述算例分析，对几种指标无量纲化方法的适用性对比分析如下。

① 目前常用的固定型指标无量纲化方法和极值型指标无量纲化方法，相对原始指标数据比较集中的情况，在指标无量纲化处理后，得到的序列排序结果不但混乱，而且对某些关联度模型或者出现除数为零的情况使结果无意义，或者由于关联度计算结果相等而无法排序。此外，固定型方法只适用于固定型指标，极值型方法不适用于固定型指标，而均值型和比例型指标无量纲化方法对所有实数型指标都适用，因此固定型和极值型指标无量纲化方法相对均值型和比例型指标无量纲化方法的适用性明显差一些。

② 对固定型指标的情况，均值型和比例型指标无量纲化方法处理后的排序结果与表 2.1 显示的原始数据的排序结果相比，略有区别，表明它们对比较序列相对参考序列的分布状态有些改变。对非固定型指标的情况，它们的排序结果较混乱，且 T 型关联度的计算结果中出现 $\gamma_{01}=\gamma_{02}=\gamma_{04}=0$ 。这非常不合理，表明两种方法对非固定型指标处理时，对数据的相对状态改变较明显，因此会对排序结果产生较大影响。综合来看，均值型和比例型指标无量纲化方法对固定指标的适用性要强于非固定型指标的情况。

③ 比例型方法将指标值规范在 $[0,1]$ ，更便于比较和后续步骤的处理，而均值型有大于 1 的情况。从这点来看，比例型方法的适用性强一些。

2.3.4　两种指标无量纲化方法的改进

均值型和比例型方法对非固定型指标数据处理后的方案排序结果都不太合理，

我们认为是成本型指标处理中的倒数不是线性运算造成的。这样的处理对指标值相对较小，例如小于 0.5 的情况下，指标值的改变比较剧烈，有可能影响序列原来的相对状态，进而影响排序结果。因此，我们对这两种方法中的成本型指标处理方法提出改进。

在均值型指标无量纲化方法中，对成本型指标，采用式(2.24)所示的方法处理，即

$$x_i(k)=\begin{cases}\dfrac{1-x_i(k)}{\dfrac{1}{m}\sum\limits_{i=1}^{m}(1-x_i(k))}, & 0\leqslant x_i(k)<1\\[2ex] \dfrac{1-\dfrac{x_i(k)}{\sum\limits_{i=1}^{m}x_i(k)}}{\dfrac{1}{m}\sum\limits_{i=1}^{m}\left(1-\dfrac{x_i(k)}{\sum\limits_{i=1}^{m}x_i(k)}\right)}, & x_i(k)\geqslant 1\end{cases} \tag{2.24}$$

在比例型指标无量纲化方法中，对成本型指标，采用式(2.25)所示的方法处理，即

$$x_i(k)=\begin{cases}\dfrac{1-x_i(k)}{\sum\limits_{i=1}^{m}(1-x_i(k))}, & 0\leqslant x_i(k)<1\\[2ex] \dfrac{1-\dfrac{x_i(k)}{\sum\limits_{i=1}^{m}x_i(k)}}{\sum\limits_{i=1}^{m}\left(1-\dfrac{x_i(k)}{\sum\limits_{i=1}^{m}x_i(k)}\right)}, & x_i(k)\geqslant 1\end{cases} \tag{2.25}$$

算例 2.9　采用改进后的均值型和比例型无量纲化方法对算例 2.5 中的数据，即非固定型指标数据进行处理，处理后的数据为

$$X_0^+=\{1.2115,1.2182,1.3477,1.2579,1.6716\}$$
$$X_1=\{1.1607,1.2182,1.1241,0.6101,0.8445\}$$
$$X_2=\{1.2115,1.1047,1.3447,0.9811,1.6716\}$$
$$X_3=\{0.6878,0.6747,0.6671,1.2579,0.6255\}$$
$$X_4=\{0.9399,1.0024,0.8641,1.0314,0.8584\}$$

和

$$X_0 = \{0.3029, 0.3046, 0.3362, 0.2799, 0.4179\}$$
$$X_1 = \{0.2902, 0.3046, 0.2810, 0.2170, 0.2111\}$$
$$X_2 = \{0.3029, 0.2762, 0.3362, 0.2453, 0.4179\}$$
$$X_3 = \{0.1720, 0.1687, 0.1668, 0.2799, 0.1564\}$$
$$X_4 = \{0.2350, 0.2506, 0.2160, 0.2579, 0.2146\}$$

基于改进均值型和比例型方法处理后的序列曲线如图 2.6 所示。基于改进均值型和比例型方法处理后的算例 2.5 计算结果如表 2.8 所示。

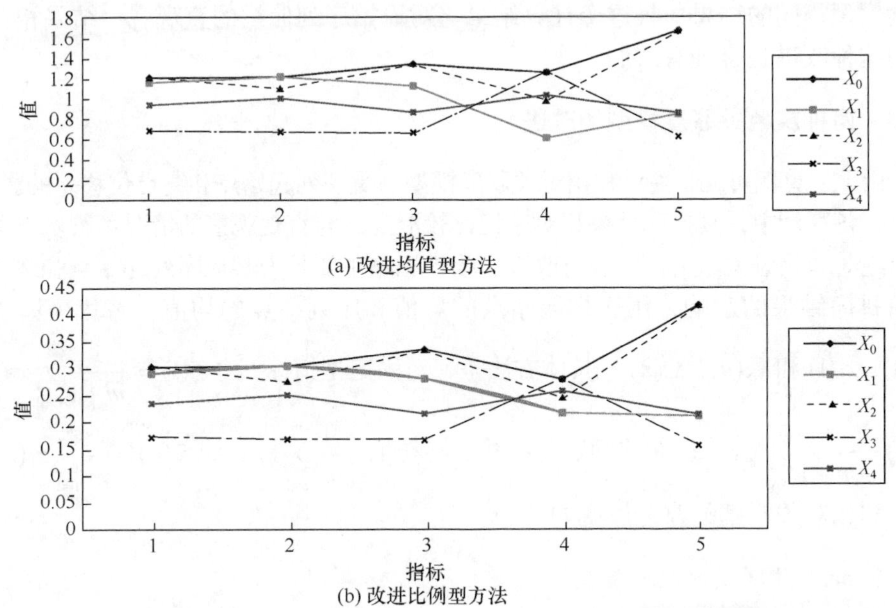

图 2.6　基于改进均值型和比例型方法处理后的序列曲线

表 2.8　基于改进均值型和比例型方法处理后的算例 2.5 计算结果

改进均值型		改进比例型	
关联度模型	关联序	关联度模型	关联序
邓氏关联度	$X_2 \succ X_1 \succ X_4 \succ X_3$	邓氏关联度	$X_2 \succ X_1 \succ X_4 \succ X_3$
点关联度	$X_2 \succ X_1 \succ X_4 \succ X_3$	点关联度	$X_2 \succ X_1 \succ X_4 \succ X_3$
斜率关联度	$X_2 \succ X_1 \succ X_4 \succ X_3$	斜率关联度	$X_2 \succ X_1 \succ X_4 \succ X_3$
相对斜率关联度	$X_2 \succ X_1 \succ X_4 \succ X_3$	相对斜率关联度	$X_2 \succ X_1 \succ X_4 \succ X_3$
T 型关联度	$X_2 \succ X_1 \succ X_4 \succ X_3$	T 型关联度	$X_2 \succ X_1 \succ X_4 \succ X_3$
灰色综合关联度	$X_2 \succ X_1 \succ X_4 \succ X_3$	灰色综合关联度	$X_2 \succ X_1 \succ X_4 \succ X_3$

续表

改进均值型		改进比例型	
B 型关联度	$X_2 \succ X_1 \succ X_4 \succ X_3$	B 型关联度	$X_2 \succ X_1 \succ X_4 \succ X_3$
绝对关联度	$X_2 \succ X_3 \succ X_4 \succ X_1$	绝对关联度	$X_2 \succ X_3 \succ X_4 \succ X_1$
相对关联度	$X_3 \succ X_2 \succ X_4 \succ X_1$	相对关联度	$X_3 \succ X_2 \succ X_4 \succ X_1$

由表 2.8 可见，除绝对和相对关联度模型，基于改进比例型无量纲化方法和改进均值型无量纲方法的方案排序结果相同。此时，T 型关联度也得到与其他关联度模型相同的结果，且这个计算结果与对原始序列曲线的直观观察结果相符，表明这种改进是合理有效的。

2.3.5　两种灰色关联度模型的改进

由上述算例可见，绝对和相对关联度模型易受序列起始点和终点位移差的影响，因此在各算例中，其排序结果相对来说比较混乱，与直观观察的情况不符。下面我们对绝对和相对关联度模型进行改进。改进思路主要是为避免序列起始点和终点差异对排序结果的影响，用序列起始点的均值和序列终点的均值，替代模型中的 $x_0(1)$、$x_i(1)$ 和 $x_0(n)$、$x_i(n)$。具体方法是，对固定型指标，令 $\overline{x}(1)=\dfrac{1}{m+1}\sum\limits_{i=0}^{m}x_i(1)$，$\overline{x}(n)=\dfrac{1}{m+1}\sum\limits_{i=0}^{m}x_i(n)$；对非固定型指标，令 $\overline{x}(1)=\dfrac{1}{m}\sum\limits_{i=1}^{m}x_i(1)$，$\overline{x}(n)=\dfrac{1}{m}\sum\limits_{i=1}^{m}x_i(n)$，绝对和相对关联度的改进模型如下。

1. 绝对关联度的改进模型

X_i 与 X_0 的关联度 $\gamma(X_0,X_i)$ 定义为

$$\gamma(X_0,X_i)=\frac{1+|d_0|+|d_i|}{1+|d_0|+|d_i|+|d_i-d_0|} \tag{2.26}$$

其中，$|d_0|=\left|\sum\limits_{k=2}^{n}(x_0(k)-\overline{x}(1))+\dfrac{1}{2}(\overline{x}(n)-\overline{x}(1))\right|$；$|d_i|=\left|\sum\limits_{k=2}^{n}(x_i(k)-\overline{x}(1))+\dfrac{1}{2}(\overline{x}(n)-\overline{x}(1))\right|$。

2. 相对关联度的改进模型

X_i 与 X_0 的关联度 $\gamma(X_0,X_i)$ 定义为

$$\gamma(X_0,X_i)=\frac{1+|d_0'|+|d_i'|}{1+|d_0'|+|d_i'|+|d_i'-d_0'|} \tag{2.27}$$

其中，$|d_0'| = \left| \sum_{k=2}^{n-1} \frac{(x_0(k) - \overline{x}(1))}{\overline{x}(1)} + \frac{1}{2} \frac{(\overline{x}(n) - \overline{x}(1))}{\overline{x}(1)} \right|$；$|d_i'| = \left| \sum_{k=2}^{n-1} \frac{(x_i(k) - \overline{x}(1))}{\overline{x}(1)} + \frac{1}{2} \frac{(\overline{x}(n) - \overline{x}(1))}{\overline{x}(1)} \right|$。

算例 2.10　采用改进模型，并对算例 2.1 中的数据和算例 2.5 中数据进行计算，其中算例 2.5 中的数据用改进均值型和改进比例型指标无量纲方法处理。

基于改进绝对和相对关联度模型的计算结果如表 2.9 所示。表中括号中的关联序是改进前模型得到的结果。

表 2.9　基于改进绝对和相对关联度模型的计算结果

算例	关联度模型	关联度	关联序
算例 2.1	改进 绝对关联度	$\gamma_{01} = 0.8862, \gamma_{02} = 0.7462$ $\gamma_{03} = 0.8638, \gamma_{04} = 0.9939$	$X_4 \succ X_1 \succ X_3 \succ X_2$ $(X_3 \succ X_4 \succ X_2 \succ X_1)$
	改进 相对关联度	$\gamma_{01} = 0.9049, \gamma_{02} = 0.7879$ $\gamma_{03} = 0.8809, \gamma_{04} = 0.9949$	$X_4 \succ X_1 \succ X_3 \succ X_2$ $(X_2 \succ X_4 \succ X_3 \succ X_1)$
均值算例 2.5	改进 绝对关联度	$\gamma_{01} = 0.5958, \gamma_{02} = 0.9162$ $\gamma_{03} = 0.5760, \gamma_{04} = 0.5946$	$X_2 \succ X_1 \succ X_4 \succ X_3$ $(X_2 \succ X_3 \succ X_4 \succ X_1)$
	改进 相对关联度	$\gamma_{01} = 0.5958, \gamma_{02} = 0.9162$ $\gamma_{03} = 0.5760, \gamma_{04} = 0.5946$	$X_2 \succ X_1 \succ X_4 \succ X_3$ $(X_3 \succ X_2 \succ X_4 \succ X_1)$
比例算例 2.5	改进 绝对关联度	$\gamma_{01} = 0.7617, \gamma_{02} = 0.9797$ $\gamma_{03} = 0.6573, \gamma_{04} = 0.7399$	$X_2 \succ X_1 \succ X_4 \succ X_3$ $(X_2 \succ X_3 \succ X_4 \succ X_1)$
	改进 相对关联度	$\gamma_{01} = 0.6856, \gamma_{02} = 0.9732$ $\gamma_{03} = 0.5514, \gamma_{04} = 0.6568$	$X_2 \succ X_1 \succ X_4 \succ X_3$ $(X_3 \succ X_2 \succ X_4 \succ X_1)$

我们将基于改进均值型和比例型无量纲方法处理后的算例 2.5 分别简称为均值算例 2.5 和比例算例 2.5。比较表 2.9 与表 2.1、表 2.8，明显可见改进后的绝对和相对关联度模型对序列的排序更合理、稳定。

2.4　群决策矩阵的构建方法

群决策矩阵反映专家的群体偏好，应该尽可能地获得所有专家相对满意度高的群体意见，但由于专家的知识结构、研究方向、经验水平等原因，专家给出的评价意见不可能完全一致，这时个别与群体意见偏离性大的专家意见会影响决策结果的客观性和科学性。对于这个问题，目前主要有两种解决思路：一种是判断专家个体决策矩阵与群决策矩阵的偏离性，舍弃偏离程度较大的个体决策矩阵；另一种是根据专家个体决策矩阵与群决策矩阵的偏离程度为专家赋权，对各专家意见集结获得群体偏好意见。直接舍弃某些专家意见，一般会损失部分信息，因此本书采取第二种解决思路，此时群决策矩阵构造的合理性主要受专家权重调整方法和专家意见集结方法的影响。

本书提出基于 OWA 算子[28]的群决策矩阵构建方法。其主要思路是：首先利用 OWA 算子将专家个体决策矩阵集结成初始群决策矩阵，然后通过一定的方法分析专家个体决策矩阵与群体决策矩阵的偏离性，根据偏离程度的大小调节专家权重，使偏离程度大的专家赋予较小的权重系数，从而获得相对满意度较高的群决策矩阵。

2.4.1 有序加权平均算子的定义及其性质

OWA 算子具有一些良好的特性，且便于理解、计算简单，在群决策分析、数学规划等方面有很多成功的应用，被普遍认为是一种有效的信息集成方法。在构建群决策矩阵时，初始不知道专家意见的偏离程度，若直接通过算术平均求取群决策矩阵，可能使群决策矩阵的指标值受到该指标的极大值或极小值的影响，群体意见偏向于给该指标赋予很大评价值或极小评价值的专家意见。因此，我们采用 OWA 算子对个体决策矩阵进行集结，以便得到能代表大多数专家意见的初始群决策矩阵。

定义 2.5[28]　设有一n元函数$f:R^n \to R$，$f(x_1,x_2,\cdots,x_n)=\sum\limits_{i=1}^{n}\alpha_i x_i'$，$x_i'$是$(x_1,x_2,\cdots,x_n)$中第$i$个最大元素，$\alpha=(\alpha_1,\alpha_2,\cdots,\alpha_n)^{\mathrm{T}}$是与$f$关联的加权向量，满足$\alpha_i \in [0,1]$，$\sum\limits_{i=1}^{n}\alpha_i=1$，则称函数$f$是$n$维 OWA 算子。

OWA 算子的权重向量$\alpha=(\alpha_1,\alpha_2,\cdots,\alpha_n)^{\mathrm{T}}$的产生方法主要有拟合法、规划法、替换法、模糊函数法等多种[28]，其中模糊函数法由于可以较好地表示“大多数”、“至少一半”、“尽可能多”等语言量词而被广泛应用。常用的模糊量化算子为

$$Q(x)=\begin{cases}0, & x \leqslant a \\ \dfrac{x-a}{b-a}, & a<x<b;a,b,x\in[0,1] \\ 1, & x \geqslant b\end{cases} \tag{2.28}$$

模糊量化算子$Q(x)$在“至少一半”、“大多数”和“尽可能多”的原则下，其参数(a,b)分别为$(0,0.5)$、$(0.3,0.8)$、$(0.5,1)$[28]。根据式(2.28)，OWA 算子的权重向量$\alpha=(\alpha_1,\alpha_2,\cdots,\alpha_n)^{\mathrm{T}}$可按式(2.29)计算，即

$$\alpha_i = Q\left(\frac{i}{n}\right)-Q\left(\frac{i-1}{n}\right) \tag{2.29}$$

$X=(x_1,x_2,\cdots,x_5)$时，OWA 算子的权重向量α_i如图 2.7 所示。我们可以明显看出不同原则下的选择倾向。

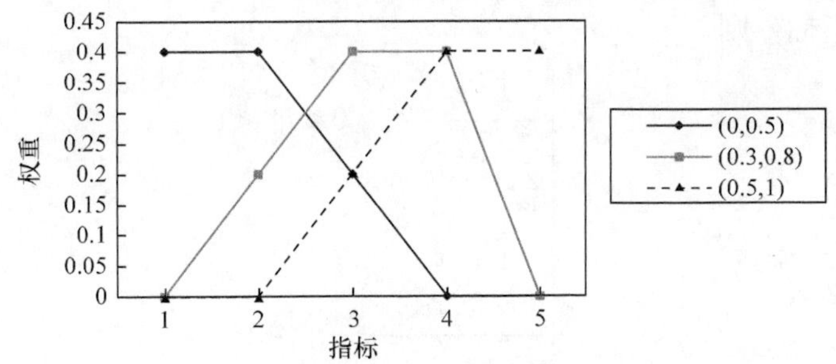

图 2.7　OWA 算子的权重向量

设 $(x_1,x_2,\cdots,x_n)$ 和 $(x_1',x_2',\cdots,x_n')$ 是两个任意数据向量，OWA 算子满足下列性质[28]。

① (置换不变性)若 $(x_1',x_2',\cdots,x_n')$ 是 $(x_1,x_2,\cdots,x_n)$ 的任意置换，有下式成立，即 $f(x_1,x_2,\cdots,x_n)=f(x_1',x_2',\cdots,x_n')$。

② (单调性)若 $\forall i, x_i \geqslant x_i'$，则 $f(x_1,x_2,\cdots,x_n)\geqslant f(x_1',x_2',\cdots,x_n')$。

③ (幂等性)若 $\forall i, x_i = x$，则 $f(x_1,x_2,\cdots,x_n)=x$。

④ (介值性)OWA 的极小算子为 $f_{B_{\min}}(x_1,x_2,\cdots,x_n)=\min(x_i)$, $B_{\min}=(0,0,\cdots,1)$；极大算子为 $f_{B_{\max}}(x_1,x_2,\cdots,x_n)=\max(x_i)$, $B_{\max}=(1,0,\cdots,0)$；算术平均算子为 $f_{B_{\text{avg}}}(x_1,x_2,\cdots,x_n)=\dfrac{1}{n}\sum_{i=1}^{n}x_i$, $B_{\text{avg}}=\left(\dfrac{1}{n},\dfrac{1}{n},\cdots,\dfrac{1}{n}\right)$，则 $f_{B_{\min}}(x_1,x_2,\cdots,x_n)\leqslant f_{B_{\text{avg}}}(x_1,x_2,\cdots,x_n)\leqslant f_{B_{\max}}(x_1,x_2,\cdots,x_n)$。

2.4.2　基于有序加权平均算子的群决策矩阵构建方法

本书提出的群决策矩阵构建方法主要包括以下几个关键步骤。

1. 初始决策矩阵规范化

由于专家的对问题的认识水平、经验、个人偏好等不同，为了便于比较，需要将指标值无量纲化且规范到区间[0,1]，然后得到规范化的决策矩阵。根据 2.3 节的研究，比例型指标无量纲化方法对指标无量纲化处理的同时使指标值落入区间[0,1]，因此这里采用改进的比例型指标无量纲化方法规范化初始决策矩阵。具体方法如下。

对第 k 个专家的初始决策矩阵 $R^k=\left[r_{ij}^k\right]_{m\times n}$，若为效益型指标，则

$$v_{ij}^k=\frac{r_{ij}^k}{\sum_{i=1}^{m}r_{ij}^k} \tag{2.30}$$

若为成本型指标，则

$$v_{ij}^k = \begin{cases} \dfrac{1-r_{ij}^k}{\sum\limits_{i=1}^m (1-r_{ij}^k)}, & 0 \leqslant r_{ij}^k < 1 \\ \dfrac{1-\frac{r_{ij}^k}{\sum_{i=1}^m r_{ij}^k}}{\sum\limits_{i=1}^m (1-\frac{r_{ij}^k}{\sum_{i=1}^m r_{ij}^k})}, & r_{ij}^k \geqslant 1 \end{cases} \tag{2.31}$$

通过上述过程，可以得到规范化的初始专家个体决策矩阵，即

$$V^k = \begin{bmatrix} v_{11}^k & v_{12}^k & \cdots & v_{1n}^k \\ v_{21}^k & v_{22}^k & \cdots & v_{2n}^k \\ \vdots & \vdots & & \vdots \\ v_{m1}^k & v_{m2}^k & \cdots & v_{mn}^k \end{bmatrix}, \quad k = 1, 2, \cdots, l$$

矩阵V^k满足$\sum\limits_{i=1}^m v_{ij}^k \approx 1$(近似等于 1 的原因是无量纲化处理时，四舍五入会带来微小的误差)。

2. 基于 OWA 算子的初始群决策矩阵构建

对规范化后的专家个体决策矩阵$V^k = \left[v_{ij}^k \right]_{m\times n}$中的$v_{ij}^k$按式(2.32)进行集结，即

$$r_{ij} = \mathrm{OWA}(v_{ij}^1, v_{ij}^2, \cdots, v_{ij}^l) = \sum_{k=1}^l \alpha_k x_{ij}^k \tag{2.32}$$

其中，x_{ij}^k是$(v_{ij}^1, v_{ij}^2, \cdots, v_{ij}^l)$中按大小排在第$k$位的元素，权重向量$\alpha = (\alpha_1, \alpha_2, \cdots, \alpha_n)^{\mathrm{T}}$采用模糊量化算子式，即按式(2.28)和式(2.29)计算。由于在初始时不知道专家意见的偏离性，因此式(2.28)中的参数(a,b)取$(0.3,0.8)$，即在“大多数”原则下集结专家个体意见。

经过上述过程，可以得到初始群决策矩阵，即

$$V^c = \begin{bmatrix} v_{11}^c & v_{12}^c & \cdots & v_{1n}^c \\ v_{21}^c & v_{22}^c & \cdots & v_{2n}^c \\ \vdots & \vdots & & \vdots \\ v_{m1}^c & v_{m2}^c & \cdots & v_{mn}^c \end{bmatrix}$$

此时，满足 $\sum_{i=1}^{m} v_{ij}^{c} \approx 1,\ j=1,2,\cdots,n$。

3. 专家个体决策矩阵与群决策矩阵的偏离性分析

专家个体决策矩阵与群体决策矩阵的偏离性分析的结果是要得到能够反映专家个体决策矩阵与群决策矩阵偏离程度的值(偏离度)。专家给出的决策矩阵 $R^k = \left[r_{ij}^k\right]_{m\times n}$ 中的 r_{ij}^k 反映专家 e_k 对第 i 个方案中第 j 个指标相对评价目标的重要性或贡献度评价值。与判断矩阵不同，决策矩阵没有一致性和 $\sum_{j=1}^{k} r_{ij}^k = 1$ 的限制，因此在考虑专家个体决策矩阵与群决策矩阵偏离程度时，重点从指标评价值的大小考虑，即决策矩阵的偏离程度实际指专家个体决策矩阵与群决策矩阵取值的差异程度。

规范化的初始专家个体决策矩阵的每一行 $V_i^k(v_{i1}^k, v_{i2}^k, \cdots, v_{in}^k)$, $i=1,2,\cdots,m$ 代表专家 e_k 对第 i 个方案的评价意见，因此衡量决策矩阵间的差异可以先按方案综合所有决策者的评价值与群体评价值的偏离程度，然后综合每个决策矩阵下各方案的偏离度得到决策矩阵间的差异程度值，即决策矩阵偏离度。我们将决策矩阵的每一行看作一个向量，就可以用向量之间相似度的度量方法衡量决策矩阵的每行，即每个方案间的偏离程度。我们从不同角度考虑向量相似度的度量，提出以下两种专家个体决策矩阵与群体决策矩阵的偏离性分析方法。

(1) 基于距离度量的个体决策矩阵与群体决策矩阵的偏离性分析

用向量间的距离可以度量向量间的相似度，我们采用欧氏距离度量向量间的距离，即

$$d(V_i^c, V_i^k) = \sqrt{\sum_{j=1}^{n} (v_{ij}^c - v_{ij}^k)^2} \tag{2.33}$$

于是，基于距离度量的专家个体决策矩阵与群决策矩阵的偏离度 $d(V^c, V^k)$ 可定义为

$$d(V^c, V^k) = \frac{\sum_{i=1}^{m} d(V_i^c, V_i^k)}{\sum_{k=1}^{l}\sum_{i=1}^{m} d(V_i^c, V_i^k)} \tag{2.34}$$

显然，$d(V^c, V^k) \in [0,1]$，其值越大，表示矩阵间偏离程度越大，我们将其简称为决策矩阵距离偏离度。

(2) 基于灰色关联分析的个体决策矩阵与群体决策矩阵的偏离性分析

灰色关联度可以较好地度量两个序列的几何形状相似程度，因此这里考虑利用灰色关联度模型衡量个体决策矩阵与群体决策矩阵的偏离性。我们采用可以较

好综合序列之间空间位置的接近程度和序列曲线形状相似程度的灰色综合关联度模型，具体方法如下。

将所有专家个体决策矩阵中的每行看作一个比较序列，即 $V_i^k=(v_{i1}^k,v_{i2}^k,\cdots,v_{in}^k),k=1,2,\cdots,l$，将群决策矩阵中的对应行 $V_i^c=(v_{i1}^c,v_{i2}^c,\cdots,v_{in}^c),i=1,2,\cdots,m$ 看作参考序列，按灰色综合关联度模型计算 V_i^k 与 V_i^c 的灰色综合关联度，记为 $\gamma(V_i^c,V_i^k)$，即

$$\gamma(V_i^c,V_i^k)=\alpha\gamma^{(1)}(V_i^c,V_i^k)+(1-\alpha)\gamma^{(2)}(V_i^c,V_i^k) \tag{2.35}$$

其中

$$\gamma^{(1)}(V_i^c,V_i^k)=\frac{1}{n}\sum_{j=1}^{n}\gamma(v_{ij}^c,v_{ij}^k)$$

$$\gamma(v_{ij}^c,v_{ij}^k)=\frac{\rho\max\limits_k\max\limits_j\left|v_{ij}^c-v_{ij}^k\right|}{\left|v_{ij}^c-v_{ij}^k\right|+\rho\max\limits_k\max\limits_j\left|v_{ij}^c-v_{ij}^k\right|},\quad k=1,2,\cdots,l;j=1,2,\cdots,n$$

$$\gamma^{(2)}(V_i^c,V_i^k)=\frac{1}{n-1}\sum_{j=1}^{n-1}\frac{1+\left|\dfrac{\Delta v_{ij}^c}{\overline{v}_i^c}\right|}{1+\left|\dfrac{\Delta v_{ij}^c}{\overline{v}_i^c}\right|+\left|\dfrac{\Delta v_{ij}^k}{\overline{v}_i^k}-\dfrac{\Delta v_{ij}^c}{\overline{v}_i^c}\right|}$$

$$\overline{v}_i^c=\frac{1}{n}\sum_{j=1}^{n}v_{ij}^c,\quad \overline{v}_i^k=\frac{1}{n}\sum_{j=1}^{n}v_{ij}^k,\quad \Delta v_{ij}^c=v_{ij}^c-v_{i(j-1)}^c,\quad \Delta v_{ij}^k=v_{ij}^k-v_{i(j-1)}^k$$

$\gamma(V_i^c,V_i^k)$ 的值越大，表示 V_i^k 与 V_i^c 的关系密切程度越高，即 V_i^k 与 V_i^c 的偏离程度越小。由于满足 $0\leqslant\gamma(V_i^c,V_i^k)\leqslant 1$，因此可以用 $1-\gamma(V_i^c,V_i^k)$ 表示 V_i^k 与 V_i^c 的偏离程度。基于关联分析的矩阵 V^k 与 V^c 的偏离度可定义为以下两种形式。

第一种形式为

$$g(V^c,V^k)=\frac{\sum\limits_{i=1}^{m}(1-\gamma(V_i^c,V_i^k))}{\sum\limits_{k=1}^{l}\sum\limits_{i=1}^{m}(1-\gamma(V_i^c,V_i^k))},\quad k=1,2,\cdots,l \tag{2.36}$$

第二种形式为

$$g'(V^c,V^k)=1-\frac{\sum\limits_{i=1}^{m}\gamma(V_i^c,V_i^k)}{\sum\limits_{k=1}^{l}\sum\limits_{i=1}^{m}\gamma(V_i^c,V_i^k)},\quad k=1,2,\cdots,l \tag{2.37}$$

显然，$g(V^c,V^k)\in[0,1]$，$g'(V^c,V^k)\in[0,1]$。它们的值越大，表示矩阵间偏离程度越大。我们将其简称为决策矩阵灰色关联偏离度 1 和决策矩阵灰色关联偏离度 2。

4. 专家权重的调整方法

为减小个别评判水平低的专家意见对决策结果的影响，一般需要根据专家的评判水平调整专家权重，以获得更客观准确的评价结果。对专家评判水平的评价一般有三种评价方式：第一种是主观评价方式，即由其他专家或决策者对专家的评判水平给予主观的评价值；第二种是客观评价方式，即由专家本次评价问题中给出的决策意见与群体决策意见的一致性程度来衡量；第三种是上述两种方式的结合，即主客观结合方式。不管采用哪种方式，专家评判水平的评价都是个困难的问题，不仅和当前专家给出的评价信息有关，也与专家以往的表现有关。其中含有很多模糊、不确定的信息，因此专家评判水平的评价一直是个广受关注的问题。主观评价一般具有较大的随机性，因此我们采用客观评价方式。为研究算法方便，我们不考虑专家的学识背景、以往表现等，只通过考量专家个体意见与群体意见的一致性程度对专家权重进行调整。

具体来说，专家个体决策矩阵与群体决策矩阵的偏离程度越大，专家个体意见与群体意见的一致性程度越低，其权重就相对越小，因此针对前面提出的两种专家个体决策矩阵与群决策矩阵的偏离性分析方法，我们给出相应的专家权重调整方法。

(1) 基于距离偏离度的专家权重调整方法

基于距离偏离度的专家权重为

$$\beta_k^d=\frac{1-d(V^c,V^k)}{\sum\limits_{k=1}^{l}\left(1-d(V^c,V^k)\right)},\quad k=1,2,\cdots,l \tag{2.38}$$

显然，$\beta_k^d\in[0,1]$，专家个体决策矩阵与群决策矩阵的偏离程度越大，即 $d(V^c,V^k)$ 越大，则专家权重 β_k^d 越小，反之越大。

(2) 基于灰色关联偏离度 1 的专家权重调整方法

基于灰色关联偏离度 1 的专家权重为

$$\beta_k^{\gamma}=\frac{1-g(V^c,V^k)}{\sum\limits_{k=1}^{l}(1-g(V^c,V^k))} \tag{2.39}$$

(3) 基于灰色偏离度 2 的专家权重调整方法

基于灰色偏离度 2 的专家权重为

$$\beta_k^{\gamma'} = \frac{1-g'(V^c,V^k)}{\sum_{k=1}^{l}(1-g'(V^c,V^k))} = \frac{\sum_{i=1}^{m}\gamma(V_i^c,V_i^k)}{\sum_{k=1}^{l}\sum_{i=1}^{m}\gamma(V_i^c,V_i^k)} \tag{2.40}$$

由于灰色关联度$\gamma(V^c,V^k)$可以反映专家个体决策矩阵V^k与群决策矩阵V^c的相似程度，其值越大，表明该专家意见对群体意见的一致性程度越高，因此专家权重应该越大。

5. 构建群决策矩阵$V^z=[v_{ij}^z]_{m\times n}$

在专家权重已知的情况下，构建群决策矩阵的关键问题是用合理的信息集结方法将专家个体决策矩阵集结为所有专家相对满意的、一致的群决策矩阵。为了对比方法的效果，我们采用两种集结方法：一种方法是加权平均求和方法，即按式(2.41)计算调整后的群决策矩阵V^z中的元素；另一种方法是再次利用 OWA 算子对加权后的专家个体决策矩阵进行集结(式(2.42))，即

$$v_{ij}^z = \sum_{k=1}^{l} v_{ij}^k \beta_k, \quad i=1,2,\cdots,m; j=1,2,\cdots,n \tag{2.41}$$

$$v_{ij}^z = \mathrm{OWA}(\beta_1 v_{ij}^1, \beta_2 v_{ij}^2, \cdots, \beta_l v_{ij}^l) = \sum_{k=1}^{l} \alpha_k x_{ij}^k \tag{2.42}$$

其中，x_{ij}^k为$(\beta_1 v_{ij}^1, \beta_2 v_{ij}^2, \cdots, \beta_l v_{ij}^l)$中按大小排在第$k$位的元素；权重向量$\alpha=(\alpha_1, \alpha_2,\cdots,\alpha_n)^{\mathrm{T}}$按式(2.28)和式(2.29)计算。

2.5 群决策矩阵的相对满意度分析

构造的群决策矩阵是后续评价的依据，其质量直接影响评价结果的准确性。目前关于衡量群决策矩阵质量的研究很少，没有统一的评价标准，主要有两种途径：一种是从数据的分布情况来对应分析结果的合理性，但这种方法一般适用于人能够通过直观观察得到数据分布的特点，或经过仿真计算，通过统计分析处理得到数据的统计分布；另一种是在同样数据条件下与相关文献的方法结果进行对比。现有文献中很多是基于第二种途径进行对比分析，但关键问题是文献中方法的结果是否合理并不清楚，且方法中的一些步骤可能有差别，所以需要研究其他的方法检验专家意见集结的合理性。

群决策的本质是通过对个体意见的集结，形成一个各专家相对满意的群体意见。一般来说，当某种方式获得的群体意见相对其他方式获得的群体意见与所有

个体意见的符合程度较高时,表明以这种方式获得的群决策矩阵满意度相对较高,应选择其作为最终的群决策意见。现在的关键问题是如何度量向量间的符合程度。相对熵模型可以较好地衡量两个离散变量的符合程度，因此我们提出一种基于相对熵模型的群体决策矩阵满意度分析方法。其主要原理和方法如下。

定义 2.6[61]　设 $\Omega=\{0,1,2,\cdots\}$ ， x_i,y_i 是 Ω 的两个概率测度， $i=1,2,\cdots,n$ ，且 $1=\sum_{i=1}^{n}x_i \geqslant \sum_{i=1}^{n}y_i$ ，则称

$$h(X,Y)=\sum x_i \log\frac{x_i}{y_i} \geqslant 0 \tag{2.43}$$

为 X 相对 Y 的相对熵，其中 $X=(x_1,x_2,\cdots,x_n)^{\mathrm{T}}$， $Y=(y_1,y_2,\cdots,y_n)^{\mathrm{T}}$ 。

由定义 2.6 不难看出，对 $\forall i$,当且仅当 $x_i=y_i,\sum_{i=1}^{n}x_i\log\frac{x_i}{y_i}=0$ ，因此可以用相对熵衡量 X 和 Y 的匹配程度。

定义 2.7　设有 k 个专家个体决策矩阵 $V^k,k=1,2,\cdots,l$ ，通过某种方法获得的群体决策矩阵为 V ,则群决策矩阵 V 相对这 k 个专家个体决策矩阵的满意度定义为

$$\psi(V)=\frac{1}{l}\sum_{k=1}^{l}\frac{1}{h(V,V^k)} \tag{2.44}$$

其中， $h(V,V^k)=\sum_{j=1}^{n}\sum_{i=1}^{m}v_{ij}\log\frac{v_{ij}}{v_{ij}^k}$ 。

显然， $h(V,V^k)$ 越小，表示群体决策矩阵 V 与所有专家个体决策矩阵 V^k 的符合程度越高， $\psi(V)$ 越大，表示 V 具有相对越高的满意度。

例如，由若干名专家的个体方案属性权重集结得到的群体偏好是 $W_q=(0.3,0.5)$ ，若其中两名专家的个体偏好信息是 $W_1=(0.1,0.3)$ 、$W_2=(0.5,0.3)$ ，此时若以距离来度量它们的符合度，会发现 $d_{q1}=d_{q2}=0.283$ ，但实际上第 1 名专家对属性重要性的排序与群体意见符合程度更高。如果用相对熵模型来计算，会得到 $h_{q1}=0.0381<h_{q2}=0.1277$ ，表明专家 1 意见与群体意见符合度高一些。

由定义 2.7 不难看出，群决策矩阵的满意度实际上反映群决策矩阵与各专家个体决策矩阵的综合符合程度。研究群决策矩阵的构建方法，就是要获得满意度相对较高的群决策矩阵。

2.6　基于灰色关联分析的多属性群决策方法主要步骤

基于上述群决策矩阵构建方法，以及灰色关联多属性决策方法，我们提出基于灰色关联分析的多属性群决策方法。其主要步骤如下。

Step1，基于改进比例型指标无量纲化方法，即按式(2.30)和式(2.31)得到专家个体初始规范化决策矩阵 $V^k, k=1,2,\cdots,l$ 。

Step2，利用 OWA 算子，即按式(2.32)构造初始群决策矩阵 V^c 。

Step3，对专家个体决策矩阵与初始群决策矩阵的偏离性进行分析，得到专家个体决策矩阵与初始群决策矩阵的偏离度。

偏离性分析方法有基于距离度量，即式(2.34)的决策矩阵偏离性分析方法。基于灰色关联度，即式(2.36)和式(2.37)的决策矩阵偏离性分析方法。

Step4，根据 Step3 获得的专家个体决策矩阵的偏离度计算结果，进行专家权重调整。

专家权重调整方法有基于距离偏离度，即式(2.38)的专家权重调整方法。基于灰色关联偏离度，即式(2.39)和式(2.40)的专家权重调整方法。

Step5，用调整后的专家权重分别对其决策矩阵进行加权，计算得到群决策矩阵 V^z 。

群决策矩阵可通过加权平均求和方法，即式(2.41)或利用 OWA 算子集结方法，即式(2.42)计算。

Step6，按式(2.44)对用不同方法构造的群决策矩阵 V^z 进行满意度分析，确定满意度大的为最终的群体决策矩阵。

Step7，根据群决策矩阵，确定群正负理想点。

Step8，按照灰色综合关联度模型，分别计算每个方案与正负理想解的关联度，并求综合关联度。

Step9，按照关联度大小对方案进行排序。

2.7 算例分析

算例 2.11 算例的原始数据如表 2.10 所示。

表 2.10 算例的原始数据

方案	C_1				C_2				C_3				C_4			
	e_1	e_2	e_3	e_4	e_1	e_2	e_3	e_4	e_1	e_2	e_3	e_4	e_1	e_2	e_3	e_4
A_1	9	7	10	9	9	7	10	9	8	7	8	8	1	2	2	1
A_2	7	9	9	7	7	9	8	8	7	9	7	7	3	1	2	3
A_3	7	8	7	9	7	5	8	7	9	8	9	7	4	2	3	2
A_4	10	9	7	8	5	7	7	5	10	9	7	8	4	3	4	2

表中 C_4 是成本型指标，其余为效益性指标。假设前提是 4 个属性权重相等，初始时 4 位专家权重相等。

(1) 算例计算过程

Step1，根据式(2.30)和式(2.31)得到规范化的专家决策矩阵，即

$$V^1=\begin{bmatrix}0.2727 & 0.3214 & 0.2353 & 0.3056\\0.2121 & 0.25 & 0.2059 & 0.25\\0.2121 & 0.25 & 0.2647 & 0.2222\\0.3030 & 0.1786 & 0.2941 & 0.2222\end{bmatrix}$$

$$V^2=\begin{bmatrix}0.2121 & 0.25 & 0.2121 & 0.25\\0.2727 & 0.3214 & 0.2727 & 0.2917\\0.2424 & 0.1786 & 0.2424 & 0.25\\0.2727 & 0.25 & 0.2727 & 0.2083\end{bmatrix}$$

$$V^3=\begin{bmatrix}0.303 & 0.303 & 0.2581 & 0.2694\\0.2727 & 0.2424 & 0.2258 & 0.2694\\0.2121 & 0.2424 & 0.2903 & 0.2424\\0.2121 & 0.2121 & 0.2258 & 0.2121\end{bmatrix}$$

$$V^4=\begin{bmatrix}0.2727 & 0.3103 & 0.2667 & 0.5\\0.2121 & 0.2759 & 0.2333 & 0.2143\\0.2727 & 0.2414 & 0.2333 & 0.1429\\0.2424 & 0.1724 & 0.2667 & 0.1429\end{bmatrix}$$

Step2，利用 OWA 算子集结专家个体决策矩阵，构造初始群决策矩阵 V^c，即

$$V^c=\begin{bmatrix}0.2667 & 0.3006 & 0.2421 & 0.2819\\0.2363 & 0.2596 & 0.2268 & 0.2650\\0.2242 & 0.2355 & 0.2504 & 0.2224\\0.2515 & 0.115 & 0.265 & 0.2033\end{bmatrix}$$

OWA 算子中的模糊量化算了 $Q(x)$ 在“大多数”原则下选择参数 (a,b) 为 $(0.3,0.8)$，OWA 算子的权向量 $\alpha=(0,0.4,0.5,0.1)^{\mathrm{T}}$ 。

Step3，专家个体决策矩阵与群体决策矩阵的偏离性分析。

按式(2.34)计算的距离偏离度，即

$$d(V^c,V^1)=\frac{0.182}{1.2594}=0.1445$$

$$d(V^c,V^2)=\frac{0.3789}{1.2594}=0.3009$$

$$d(V^c,V^3)=\frac{0.2412}{1.2594}=0.1915$$

$$d(V^c,V^4)=\frac{0.4573}{1.2594}=0.3631$$

按式(2.36)计算的灰色关联偏离度 1 的结果，即

$$g(V^c,V^1)=\frac{0.6249}{3.2889}=0.19$$

$$g(V^c,V^2)=\frac{0.962}{3.2889}=0.2925$$

$$g(V^c,V^3)=\frac{0.7621}{3.2889}=0.2317$$

$$g(V^c,V^4)=\frac{0.9399}{3.2889}=0.2858$$

按式(2.37)计算的灰色关联偏离度 2 的结果，即

$$g'(V^c,V^1)=1-\frac{3.3751}{12.7111}=0.7345$$

$$g'(V^c,V^2)=1-\frac{3.038}{12.7111}=0.761$$

$$g'(V^c,V^3)=1-\frac{3.2379}{12.7111}=0.7435$$

$$g'(V^c,V^4)=1-\frac{3.0601}{12.7111}=0.7593$$

Step4，调整专家权重。

按式(2.38)计算基于距离偏离度的专家权重，调整结果为

$$\beta_1^d=\frac{1-0.1445}{3}=0.2852$$

$$\beta_2^d=\frac{1-0.3009}{3}=0.233$$

$$\beta_3^d=\frac{1-0.1915}{3}=0.2695$$

$$\beta_4^d=\frac{1-0.3631}{3}=0.2123$$

按式(2.39)计算基于灰色关联偏离度 1 的专家权重，调整结果为

$$\beta_1^\gamma=\frac{1-0.19}{3}=0.27$$

$$\beta_2^\gamma=\frac{1-0.2925}{3}=0.2358$$

$$\beta_3^\gamma=\frac{1-0.2317}{3}=0.2561$$

$$\beta_4^\gamma=\frac{1-0.2858}{3}=0.2381$$

按式(2.40)计算基于灰色偏离度 2 的专家权重，调整结果为

$$\beta_1^{\gamma'}=\frac{3.3751}{12.7111}=0.2655$$

$$\beta_2^{\gamma'}=\frac{3.038}{12.7111}=0.239$$

$$\beta_3^{\gamma'}=\frac{3.2379}{12.7111}=0.2547$$

$$\beta_4^{\gamma}=\frac{3.0601}{12.7111}=0.2407$$

Step5，用专家权重对其个体决策矩阵进行加权。

用 $\beta_k^d, k=1,2,\cdots,4$ 加权的专家个体决策矩阵 V_d^k 为

$$V_d^1=\begin{bmatrix}0.0778 & 0.0917 & 0.0671 & 0.0872\\0.0605 & 0.0713 & 0.0587 & 0.0713\\0.0605 & 0.0713 & 0.0755 & 0.0634\\0.0864 & 0.0509 & 0.0839 & 0.0634\end{bmatrix}$$

$$V_d^2=\begin{bmatrix}0.0494 & 0.0583 & 0.0494 & 0.0583\\0.0635 & 0.0749 & 0.0635 & 0.0680\\0.0565 & 0.0416 & 0.0565 & 0.0583\\0.0635 & 0.0583 & 0.0635 & 0.0485\end{bmatrix}$$

$$V_d^3=\begin{bmatrix}0.0817 & 0.0817 & 0.0696 & 0.0726\\0.0735 & 0.0653 & 0.0609 & 0.0726\\0.0572 & 0.0653 & 0.0782 & 0.0653\\0.0572 & 0.0572 & 0.0609 & 0.0572\end{bmatrix}$$

$$V_d^4=\begin{bmatrix}0.0579 & 0.0659 & 0.0566 & 0.1061\\0.0450 & 0.0586 & 0.0495 & 0.0455\\0.0579 & 0.0512 & 0.0495 & 0.0303\\0.0515 & 0.0366 & 0.0566 & 0.0303\end{bmatrix}$$

用 $\beta_k^{\gamma}, k=1,2,\cdots,4$ 加权的专家个体决策矩阵 V_{γ}^k 为

$$V_{\gamma}^1=\begin{bmatrix}0.0736 & 0.0868 & 0.0635 & 0.0825\\0.0573 & 0.0675 & 0.0556 & 0.0675\\0.0573 & 0.0675 & 0.0715 & 0.0600\\0.0818 & 0.0482 & 0.0794 & 0.0600\end{bmatrix}$$

$$V_{\gamma}^2=\begin{bmatrix}0.0500 & 0.0590 & 0.0500 & 0.0590\\0.0643 & 0.0758 & 0.0643 & 0.0688\\0.0572 & 0.0421 & 0.0572 & 0.0590\\0.0643 & 0.0590 & 0.0643 & 0.0491\end{bmatrix}$$

$$V_\gamma^3 = \begin{bmatrix} 0.0776 & 0.0776 & 0.0661 & 0.0690 \\ 0.0698 & 0.0621 & 0.0578 & 0.0690 \\ 0.0543 & 0.0621 & 0.0743 & 0.0621 \\ 0.0543 & 0.0543 & 0.0578 & 0.0543 \end{bmatrix}$$

$$V_\gamma^4 = \begin{bmatrix} 0.0649 & 0.0739 & 0.0635 & 0.1191 \\ 0.0505 & 0.0657 & 0.0555 & 0.0510 \\ 0.0649 & 0.0575 & 0.0555 & 0.0340 \\ 0.0577 & 0.0410 & 0.0635 & 0.0340 \end{bmatrix}$$

用 $\beta_k^{\gamma'}, k=1,2,\cdots,4$ 加权的专家个体决策矩阵 $V_{\gamma'}^k$ 为

$$V_{\gamma'}^1 = \begin{bmatrix} 0.0724 & 0.0853 & 0.0625 & 0.0811 \\ 0.0563 & 0.0664 & 0.0547 & 0.0664 \\ 0.0563 & 0.0664 & 0.0703 & 0.0590 \\ 0.0804 & 0.0474 & 0.0781 & 0.0590 \end{bmatrix}$$

$$V_{\gamma'}^2 = \begin{bmatrix} 0.0507 & 0.0597 & 0.0507 & 0.0597 \\ 0.0652 & 0.0768 & 0.0652 & 0.0697 \\ 0.0579 & 0.0427 & 0.0579 & 0.0597 \\ 0.0652 & 0.0597 & 0.0652 & 0.0498 \end{bmatrix}$$

$$V_{\gamma'}^3 = \begin{bmatrix} 0.0772 & 0.0772 & 0.0657 & 0.0686 \\ 0.0695 & 0.0617 & 0.0575 & 0.0686 \\ 0.0540 & 0.0617 & 0.0739 & 0.0617 \\ 0.0540 & 0.0540 & 0.0575 & 0.0540 \end{bmatrix}$$

$$V_{\gamma'}^4 = \begin{bmatrix} 0.0656 & 0.0747 & 0.0642 & 0.1204 \\ 0.0511 & 0.0664 & 0.0562 & 0.0516 \\ 0.0656 & 0.0581 & 0.0562 & 0.0344 \\ 0.0583 & 0.0415 & 0.0642 & 0.0344 \end{bmatrix}$$

Step6，将加权后的专家个体决策矩阵集结成最终的群决策矩阵。

将 $V_d^k, k=1,2,\cdots,4$ 分别按式(2.41)和式(2.42)进行集结，即分别通过加权平均求和与 OWA 算子进行集结，得到的群决策矩阵分别为

$$V_d^{z1} = \begin{bmatrix} 0.2667 & 0.2974 & 0.2427 & 0.3242 \\ 0.2426 & 0.2701 & 0.2326 & 0.2574 \\ 0.2320 & 0.2295 & 0.2597 & 0.2173 \\ 0.2586 & 0.2029 & 0.2649 & 0.1994 \end{bmatrix}$$

$$V_d^{z2}=\begin{bmatrix}0.2687 & 0.2902 & 0.2466 & 0.3421\\0.2489 & 0.2719 & 0.2409 & 0.2981\\0.2373 & 0.2269 & 0.2602 & 0.1368\\0.2451 & 0.2110 & 0.2524 & 0.2230\end{bmatrix}$$

将 $V_{\gamma}^{k}, k=1,2,\cdots,4$ 按式(2.41)和式(2.42)进行集结，规范化后的群决策矩阵分别为

$$V_{\gamma}^{z1}=\begin{bmatrix}0.2662 & 0.2973 & 0.2431 & 0.3301\\0.2419 & 0.2711 & 0.2332 & 0.2567\\0.2337 & 0.2292 & 0.2585 & 0.2154\\0.2582 & 0.2025 & 0.2651 & 0.1977\end{bmatrix}$$

$$V_{\gamma}^{z2}=\begin{bmatrix}0.2753 & 0.2983 & 0.2541 & 0.2979\\0.2346 & 0.2333 & 0.2565 & 0.2309\\0.2469 & 0.2015 & 02586 & 0.2017\\0.2581 & 0.2027 & 0.2650 & 0.1975\end{bmatrix}$$

将 $V_{\gamma'}^{k}, k=1,2,\cdots,4$ 按式(2.41)和式(2.42)进行集结，规范化后的群决策矩阵分别为

$$V_{\gamma'}^{z1}=\begin{bmatrix}0.2660 & 0.2970 & 0.2431 & 0.3304\\0.2420 & 0.2714 & 0.2335 & 0.2568\\0.2340 & 0.2289 & 02583 & 0.2153\\0.2580 & 0.2027 & 0.2650 & 0.1976\end{bmatrix}$$

$$V_{\gamma'}^{z2}=\begin{bmatrix}0.2744 & 0.2997 & 0.2529 & 0.2965\\0.2436 & 0.2662 & 0.2308 & 0.2684\\0.2329 & 0.2342 & 02557 & 0.2316\\0.2490 & 0.1999 & 0.2606 & 0.2035\end{bmatrix}$$

对所有得到的群决策矩阵进行满意度分析，基于不同专家权重调整方法的群决策矩阵满意度如表 2.11 所示。

表 2.11　基于不同专家权重调整方法的群决策矩阵满意度

专家权重调整方法	最终群决策矩阵满意度	
	加权平均	OWA
基于距离偏离度	34.93	31.78
基于灰色关联偏离度 1	33.23	32.48
基于灰色关联偏离度 2	33.31	33.49

选择满意度较高的群决策矩阵 V_d^{z1} 作为最终的群决策矩阵。

Step7，由群决策矩阵 V_d^{z1} 确定正负理想解，即 $V_0^+ = (0.2667, 0.2974, 0.2649, 0.3242)$，$V_0^- = (0.2320, 0.2029, 0.2326, 0.1994)$。

Step8，按照灰色综合关联度模型，分别计算每个方案与正负理想点的关联度，并求得综合关联度。方案的关联度计算结果如表 2.12 所示。

表 2.12　方案的关联度计算结果

方案	$\gamma^+(V_0^+, V_i)$	$\gamma^-(V_0^-, V_i)$	γ_{0i}
A_1	0.9449	0.6662	0.5865
A_2	0.8005	0.7639	0.5117
A_3	0.7155	0.8755	0.4497
A_4	0.6967	0.8717	0.4442

Step9，按关联度大小排序，得到的方案的排序为 $A_1 \succ A_2 \succ A_3 \succ A_4$。

(2) 算例结果分析

若初始决策矩阵用算术平均的方法求取，则得到的方案排序结果为 $A_2 \succ A_1 \succ A_4 \succ A_3$，这与本书方法得到的方案排序结果不同。由于事物的复杂性和信息的不确定性、不完备性，很难从理论上分析哪种方法的结论更客观准确，但初始时假设所有专家和属性权重都相等，可从专家打分的情况简单分析。如表 2.13 所示，按照专家初始打分情况，方案 A_1 优于方案 A_2，而方案 A_3 略微优于 A_4。因此，本书对方案的排序结果相对来说更合理。

表 2.13　专家初始打分情况

方案	初始效益型指标值和	初始成本型指标值和
A_1	101	5
A_2	94	9
A_3	91	11
A_4	92	13

对群决策矩阵的构建，若按传统的算术平均方法确定群决策矩阵，则由专家个体决策矩阵 V_1、V_2、V_3、V_4 得到的群决策矩阵为

$$V = \begin{bmatrix} 0.2652 & 0.2962 & 0.2430 & 0.3318 \\ 0.2424 & 0.2724 & 0.2344 & 0.2568 \\ 0.2348 & 0.2281 & 0.2577 & 0.2147 \\ 0.2576 & 0.2033 & 0.2648 & 0.1967 \end{bmatrix}$$

按式(2.44)计算的决策矩阵满意度为 29.66，这表明从群决策矩阵获得的所有

专家相对满意的程度来看，我们提出的专家权重调整方法都是相对有效的。

另外，在群决策矩阵的构建过程中，按专家权重调整结果对比，基于距离偏离度的专家权重调整方法结果显示 $\beta_1 > \beta_3 > \beta_2 > \beta_4$，而基于灰色关联偏离度的专家权重调整方法结果显示 $\beta_1 > \beta_3 > \beta_4 > \beta_2$。结合表 2.13 所示的初始专家打分情况，从指标值的绝对差距角度看，基于距离偏离度的专家权重调整方法结果更合理一些。从距离度量和灰色关联度两种偏离度度量方法对比看，欧氏距离对元素间的绝对差异有放大作用;灰色关联度则从整体上关注序列间的变化趋势相似度。体现在获得的专家权重上，基于距离偏离度得到的各专家权重的差距较基于灰色关联偏离度得到的专家权重的差距明显。这两种度量方法实际上是从不同角度衡量矩阵间的偏离度，按我们提出的群决策矩阵满意度分析方法，距离度量方法更合适，但这也只是从某个角度或侧面的对比，并不能完全说明哪种方法好，还是要结合实际问题的需要，针对两种度量方法的特点进行选择。从基于加权平均和基于 OWA 算子的加权个体决策矩阵的集结方法结果对比看，基于距离偏离度的专家权重调整和基于加权平均集结方法结合起来可以获得更高的满意度，而在 OWA 算子集结方式下，基于灰色关联偏离度的专家权重更为合适，这也与前面分析的两种度量方法特点相符，即距离度量放大绝对差距，所以获得的专家权重的差距明显。此时再用 OWA 算子集结会更加倾向于权重大的专家意见，因此总体的符合程度会偏低。

综上，对专家个体决策矩阵进行集结时，若主要从指标评价值的大小考虑集结，此时用距离度量决策矩阵的偏离度，采用加权平均集结方法相对来说更合适一些。

2.8 本章小结

本章尝试从不同角度研究基于灰色关联分析的多属性群决策问题的解决方法，以期为丰富和发展不确定多属性群决策理论和方法提供技术支持，为实际多属性群决策问题的解决提供借鉴。主要研究工作及成果如下。

① 目前虽然有多种灰色关联度模型和指标无量纲化方法，却很少有文献对它们的适用性进行分析。我们从结合原始数据相对状态特点，以及算例的方案排序结果两个方面对比分析各种关联度模型、指标无量纲化方法的适用性，给出关联度模型和指标无量纲化方法的适用范围和能力强弱的相关结论，并基于分析的结果发现某些指标无量纲化方法和关联度模型的不足，进而提出均值型和比例型指标无量纲化方法的改进，以及灰色绝对和相对关联度的改进模型，通过相关算例验证其有效性。

② 提出基于 OWA 算子的初始群决策矩阵构建方法。该方法首先利用 OWA 算子获得初始群决策矩阵；然后基于距离或灰色关联度度量专家个体决策矩阵与群决策矩阵的偏离度，并基于此调整专家权重；最后采用加权算术平均或 OWA 算子对专家个体决策矩阵进行集结。

③ 提出基于相对熵模型的群决策矩阵满意度分析方法。该方法利用相对熵能够较好地衡量两个离散变量的符合程度的特点，通过群决策矩阵的满意度分析，可在一定程度上反映通过某种方法获得的群体偏好是否合理、有效。

④ 基于上述研究，我们给出基于灰色关联分析的多属性群决策方法主要步骤，并通过算例分析验证了方法的可行性和结果的合理性。

第 3 章　基于 D-S 证据理论的多属性群决策方法

针对事物的复杂性，以及信息的不确定性、不完备性，如何利用专家群体经验和收集到的相关事实与数据作为决策信息，降低决策的不确定性，提高结果的可信度，是多属性群决策方法研究中的关键内容。D-S 理论提供了一种构造不确定推理模型的一般框架[42]，能满足比概率更弱的公理系统，可以很好地描述评价信息的不确定性和不完备性，同时具有合成多个专家意见的 D-S 合成法则，因此被视为一种有效的群决策方法。

本章从信息融合的角度，对基于 D-S 证据理论的多属性群决策方法展开研究，以期提高群决策结果的客观性和合理性。

3.1　D-S 证据理论的基本知识

3.1.1　证据理论的基本概念

定义 3.1[42]　设 $\Theta=\{H_1,H_2,\cdots,H_N\}$ 为识别空间，2^Θ 为 Θ 的幂集，即 $2^\Theta=\{\phi,\{H_1\},\{H_2\},\cdots,\{H_N\},\{H_1\cup H_2\},\{H_1\cup H_3\},\cdots,\Theta\}$，若集函数 $m:2^\Theta\to[0,1]$ 满足下式，即

$$\begin{cases}\sum\limits_{A\subseteq\Theta} m(A)=1\\ m(\phi)=0\\ m(A)\geqslant 0\end{cases}\tag{3.1}$$

则称 m 为 Θ 上的基本概率分配(basic probability assignment)，简称 mass 函数。识别空间 Θ 是关于命题的相互独立的可能答案或假设的一个有限集合。对 $\forall A\subseteq\Theta$，$m(A)$ 称为 A 的基本概率分配值(或 A 的基本可信度)，表示证据支持或信任命题 A 发生的程度。特殊地，$m(\Theta)$ 表示分配给 Θ 的概率，称作未知度；如果 $m(A)\geqslant 0$，A 为 m 的焦元，所有焦元的集合称为核，记为 S；证据是 mass 函数的主观表示，由证据体 $(A,m(A))$ 组成，一项证据使决策者产生识别空间 Θ 上的一个 mass 函数。

定义 3.2[42]　设 $\Theta=\{H_1,H_2,\cdots,H_N\}$ 为识别空间，若集函数 $m:2^\Theta\to[0,1]$ 是 Θ 上的基本概率分配，则称由

$$\mathrm{bel}(A)=\sum_{B\subseteq A} m(B),\quad A\subseteq\Theta\tag{3.2}$$

定义的函数 $\text{bel}:2^{\Theta}\to[0,1]$ 为 Θ 上的信度函数。$\text{bel}(A)$ 称为 A 的信任函数或信度函数，是 A 中每个子集的信度值之和，表示对 A 的全部信任。

定义 3.3[42] 设 $\Theta=\{H_1,H_2,\cdots,H_N\}$ 为识别空间，若集函数 $m:2^{\Theta}\to[0,1]$ 是 Θ 上的基本概率分配，则称由

$$\text{pl}(A)=1-\text{bel}(\bar{A}),\quad A,\bar{A}\subseteq\Theta \tag{3.3}$$

定义的函数 $\text{pl}:2^{\Theta}\to[0,1]$ 为 Θ 上的似然函数或似真函数。其中，$\text{bel}(\bar{A})$ 是对 A 为假的信任程度，即表示对 A 的怀疑程度；$\text{pl}(A)$ 为 A 的似然函数，表示证据不否定 A 的程度，或者说 A 的似真程度。

$m(A)$、$\text{bel}(A)$ 和 $\text{pl}(A)$ 之间的关系如下。

① $m(A)$ 虽然表示若干证据对命题 A 的支持程度，但不确切地知道支持任何 A 的真子集的程度。$\text{bel}(A)$ 表示证据对 A 中所有子集的支持度之和，即信任 A 的程度。$\text{pl}(A)$ 表示证据不否定或不怀疑 A 的程度。显然，$\text{pl}(A)-\text{bel}(A)\geqslant 0$，$\text{pl}(A)-\text{bel}(A)$ 表示对 A 的不确定程度。于是，$\text{bel}(A)$ 和 $\text{pl}(A)$ 分别表示对命题为真的信任程度的下限和上限。证据信任区间示意图如图 3.1 所示[40]。

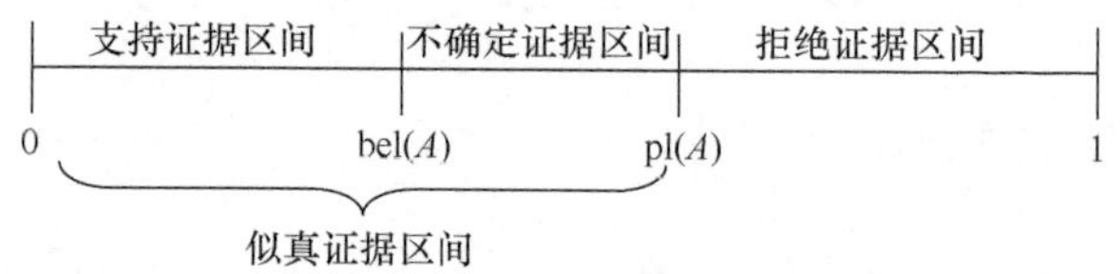

图 3.1 证据信任区间示意图

② 若 $A\cap B\neq\phi$，即 A 与 B 相容，则

$$\text{bel}(A)=1-\sum_{B\cap\bar{A}\neq\phi}m(B),\quad A,\bar{A},B\subseteq\Theta$$

$$\text{pl}(A)=1-\text{bel}(\bar{A})=\sum_{A\cap B\neq\phi}m(B),\quad A,\bar{A},B\subseteq\Theta$$

③ $m(A)$、$\text{bel}(A)$ 和 $\text{pl}(A)$ 可以看作是同一证据的三种表示形式，即 $(A,m(A))$、$(A,\text{bel}(A))$ 和 $(A,\text{pl}(A))$，我们可根据实际应用中的情况，选择任一种表示形式。

3.1.2 证据合成法则

在多个证据源存在的情况下，需要进行证据合成。D-S 合成法则是经典的证据合成方法。

设有两个相互独立的证据源，在同一辨识空间 Θ 上的基本概率指派函数分别是 m_1 与 m_2，D-S 合成法则为

$$[m_1 \oplus m_2](A)=\begin{cases}0, & A=\phi \\ \dfrac{1}{1-K}\displaystyle\sum_{A_i \cap B_j=A} m_1(A_i)m_2(B_j), & A\neq\phi\end{cases} \tag{3.4}$$

其中，A_i 和 B_j 均为焦元；$K=\sum_{A_i \cap B_j=\phi} m_1(A_i)m_2(B_j)$；$\oplus$ 表示正交和运算，即在同一辨识框架上的两个基本概率分配的组合结果用正交和表示[42]。

当两个证据不完全一致时，就会产生冲突，D-S 合成法则中 K 的大小实际上表示两个证据的冲突程度，当 $K=0$ 时，表示两个证据完全一致，没有冲突；当 $0\leqslant K<1$ 时，由 D-S 合成法则产生新的基本概率指派函数，即 $m(\bullet)=(m_1\oplus m_2)(\bullet)$；当 $K\to 1$ 时，表示两个证据的冲突程度增大，大于一定值时，可能产生不合理的结果；当 $K=1$ 时，由式(3.4)可知，此时两个证据不能合成，即两个证据完全冲突。例如，如表 3.1 所示的两个算例分析，算例数据来自文献[87]。

表 3.1　基于 D-S 合成法则的算例分析

算例	证据源	部分合成结果
文献[87]算例 1	$m_1: m_1(A)=0.99, m_1(B)=0.01, m_1(C)=0$ $m_2: m_2(A)=0, m_2(B)=0.01, m_2(C)=0.99$	$m(B)=1$ $m(A)=m(C)=0$
文献[87]算例 2	$m_1: m_1(A)=0.99, m_1(B)=0.005, m_1(C)=0.005$ $m_2: m_2(A)=0, m_2(B)=0.01, m_2(C)=0.99$ $m_3: m_3(A)=0.9, m_3(B)=0, m_2(C)=0.1$	$m_1\oplus m_2: m(A)=0$ $m_1\oplus m_2\oplus m_3: m(A)=0$

由表 3.1 可见，这里有两个不合理的结果。

① 在文献[87]的算例 1 中，两个证据分配给命题 B 的基本信度都很小，但合成后却从小概率事件变为必然事件。

② 在文献[87]的算例 2 中，$(m_1\oplus m_2)(A)=0$，$(m_1\oplus m_2\oplus m_3)(A)=0$，这表示虽然有多数证据支持 A，但若有一个证据否定，$m(A)$ 就始终为 0，这也是不合常理的。在文献[87]的算例 1 中，$K=0.9999$，在文献[87]的算例 2 中，$K=0.99901$，此时的证据冲突强度都很大，因此出现不合理的结果。

定理 3.1　D-S 合成法则满足交换律与结合律。

① 交换律：$m_1\oplus m_2=m_2\oplus m_1$。

② 结合律：$(m_1\oplus m_2)\oplus m_3=m_1\oplus(m_2\oplus m_3)$。

定理 3.2　设 $m_1,m_2,\cdots,m_n$ 分别表示辨识空间 Θ 上的 n 个基本概率指派函数，如果它们是由独立的信息得出的，那么 D-S 合成法则为

$$(m_1 \oplus m_2 \oplus \cdots \oplus m_n)(A) = \begin{cases} 0, & A = \phi \\ \dfrac{1}{1-K} \sum\limits_{\cap A_i = A} \prod\limits_{i=1}^{n} m_i(A_i), & A \neq \phi \end{cases} \tag{3.5}$$

其中，$K = \sum\limits_{\cap A_i = \phi} \prod\limits_{i=1}^{n} m_i(A_i)$，表示 n 个证据冲突的程度。

3.2 基于证据加权的 mass 函数及合成法则

从上述分析可见，在证据冲突较大的情况下，D-S 合成法则可能会出现不合理的结果。在实际的多属性决策问题中，由于信息来源的差异性、信息的复杂性、不确定性，以及决策专家对问题认识的局限性和差异性，都可能带来各种各样的证据冲突，因此如何解决高冲突证据的融合问题成为人们广泛关注的问题。

3.2.1 基于证据加权的 mass 函数

目前对冲突证据的融合问题主要有两类解决思路：一类是以 Yager 为代表的学者，他们认为归一化因子，即 $1/(1-K)$ 是产生不合理结果的根源，因此应去除归一化因子，改进合成规则，消除高冲突证据条件下产生的有悖常理的结果；另一类是以 Murphy 为代表的学者，他们认为 D-S 证据理论本身是一个严密的群决策理论，解决高冲突证据的融合问题应该从调整信度指派方面入手[50]。现有的相关文献认为，第一类方法中没有归一化因子，丧失了 D-S 合成法则中“支持的假设更加支持，否定的假设更加否定”的极化性特点，导致很多有效的证据不能充分合理地应用，因此并不能客观合理地解决某些实际问题。目前，第二类方法得到了广泛的应用，该类方法的关键是确定证据权重，定义证据加权后的 mass 函数及合成法则。

证据不仅包括实验数据、实测数据等通常意义下的实证据，还包括人们的经验知识，以及对问题所做的观察和研究结果，因此实际证据常常存在某些不完全信息或不确定因素，导致证据间存在冲突。当知道某些不确定因素的先验信息时，可将先验信息转化为权重系数(或折扣因子)对概率分配函数进行修正，然后经 D-S 组合规则完成证据融合。这样就可能减少由这些不确定因素造成的证据冲突。

一般来说，证据源本身的可靠性、重要性等不同，这种不同实际上可以看作是证据源的先验信息，因此可以根据证据源的可靠性、重要性等为证据源赋予不同的权重，从而完成对概率分配函数的修正。设证据源的权重为 ω，则证据加权后的新的 mass 函数可定义为[87]

$$m^{\omega}(A)=\omega m(A),\quad A\subset\Theta \tag{3.6}$$

$$m^{\omega}(\Theta)=1-m^{\omega}(A)=(1-\omega)+\omega m(\Theta) \tag{3.7}$$

其中，$m^{\omega}(\Theta)$ 表示识别空间 Θ 上未分配的基本信度值，即总的未知信度。

3.2.2　基于证据加权的合成法则

设相互独立的两个证据源的权重分别为 ω_1 和 ω_2，且 $\omega_1+\omega_2=1$，在同一辨识空间 Θ 的基本概率指派函数分别是 $m_1^{\omega_1}$ 与 $m_2^{\omega_2}$，则基于证据加权的 D-S 合成法则为[50,87]

$$[m_1^{\omega_1}\oplus m_2^{\omega_2}](A)=\begin{cases}0, & A=\phi\\ \dfrac{1}{1-K^{\omega}}\displaystyle\sum_{A_i\cap B_j=A} m_1^{\omega_1}(A_i)m_2^{\omega_2}(B_j), & A\neq\phi\end{cases} \tag{3.8}$$

其中，$K^{\omega}=\displaystyle\sum_{A_i\cap B_j=\phi} m_1^{\omega_1}(A_i)m_2^{\omega_2}(B_j)$，由于 $0\leqslant\omega_1,\omega_2\leqslant1$，因此所有证据的 mass 函数都降低为原来的 $\omega_i\ (i=1,2)$ 倍，这样就减少了证据源的基本概率分配函数间的冲突，从一定程度上解决了高度冲突证据的融合问题。

当 $A=\Theta$ 时，$[m_1^{\omega_1}\oplus m_2^{\omega_2}](\Theta)=\dfrac{1}{1-K^{\omega}}m_1^{\omega_1}(\Theta)m_2^{\omega_2}(\Theta)$，表示两个证据合成后的总的未知信度。

当存在多个相互独立的证据源时，基于证据加权的 D-S 合成法则为

$$[m_1^{\omega_1}\oplus m_2^{\omega_2}\oplus\cdots\oplus m_n^{\omega_n}](A)=\begin{cases}0, & A=\phi\\ \dfrac{1}{1-K^{\omega}}\displaystyle\sum_{\cap A_i=A}\prod_{1\leqslant i\leqslant n} m_i^{\omega_i}(A_i), & A\neq\phi\end{cases} \tag{3.9}$$

3.3　基于 D-S 证据理论的专家权重确定方法

在基于 D-S 证据理论的多属性决策问题中，一般将专家给出的评价意见作为证据，通过证据合成得到最终的决策结果。由于事物的复杂性，以及专家经验、认知水平、个人偏好等不同，专家给出的初始评价意见不会是完全一致的，证据之间可能存在冲突，当冲突强度大于一定阈值时，常常会使证据合成结果与人类的直觉相悖。因此，为了降低证据间的冲突强度，有必要研究如何通过度量证据间的冲突程度为证据加权的方法。由于这里的证据是专家的评价意见，因此证据间的冲突就体现为专家意见间的冲突或不一致性，而证据的权重就可由专家权重确定。

第 2 章提出基于距离度量和灰色关联度的专家权重调整方法，并通过算例对所提方法进行分析。为了进一步提高群决策结果的合理性，下面尝试从不同角度利用专家的评价信息，基于信息融合来调整专家权重。

3.3.1 基于方案评价信息的专家权重确定方法

专家给出的决策矩阵 $R^k=\left[r_{ij}^k\right]_{m\times n}$ 是由各方案的评价信息 $R_i^k=(r_{i1}^k,r_{i2}^k,\cdots,r_{in}^k)$ 组成的，若每个方案的评价信息与群体决策矩阵 $R^c=\left[r_{ij}^c\right]_{m\times n}$ 中对应方案 $R_i^c=(r_{i1}^c,r_{i2}^c,\cdots,r_{in}^c)$ 的评价信息越相似，即偏离度越小，则该专家的评价意见与群体意见的一致性程度就越高，即该专家对决策的作用越大，越应该分配较高的权重。在 D-S 证据理论中，可根据这个偏离度赋予专家较高或较低的基本概率分配。于是，方案评价信息下基于证据理论的专家权重调整方法思路是：设辨识空间 $\Theta=\{e_1,e_2,\cdots,e_k\}$，将每个方案 $A_i\ (i=1,2,\cdots,m)$ 看作一个证据，按方案综合所有决策者在各属性上的评价值，可以得到每个方案下专家意见相对群体意见的偏离度。基于得到的偏离度构建证据(方案) A_i 下专家 e_k 的 mass 函数 $m_i(e_k)$，运用 D-S 证据合成法则将 m 个证据融合，可以得到专家在各证据(方案)下的 mass 函数 $m(e_k)$。$m(e_k)$ 越大，专家 e_k 的权重就相对越大，因此基于 $m(e_k)$ 就可构建专家权重调整方法。

1. 方法的主要步骤

Step1，按比例型指标无量纲化方法得到规范化决策矩阵 $V^k=\left[v_{ij}^k\right]_{m\times n}$，并利用 OWA 算子计算得到初始群决策矩阵 $V^c=\left[v_{ij}^c\right]_{m\times n}$。

Step2，计算每个方案下专家意见 V_i^k 相对群体意见 V_i^c 的偏离度。

将方案的评价信息看成一个向量，则方案间的偏离程度可用向量的相似性或相异性度量。向量的相似性或相异性有多种度量方法，哪种方法最好目前还没有定论。为了对比各种方法的效果，我们采用距离度量和灰色关联度度量两种方式计算每个方案下专家意见相对群体意见的偏离度。

基于距离度量的方案 V_i^k 与 V_i^c 的偏离度记为 $d(V_i^c,V_i^k)$。$d(V_i^c,V_i^k)$ 按式(2.33)计算，其值越大，表明方案 V_i^k 与 V_i^c 的偏离度越大。基于灰色关联度的 V_i^k 与 V_i^c 的偏离度记为 $\gamma(V_i^c,V_i^k)$。$\gamma(V_i^c,V_i^k)$ 按式(2.35)计算，其值越小，表明方案 V_i^k 与 V_i^c 的偏离度越大。

由所有的 $d(V_i^c,V_i^k)$ 构成的方案偏离度矩阵记为

$$D=\begin{bmatrix} d(V_1^c,V_1^1) & d(V_1^c,V_1^2) & \cdots & d(V_1^c,V_1^l) \\ d(V_2^c,V_2^1) & d(V_2^c,V_2^2) & \cdots & d(V_2^c,V_2^l) \\ \vdots & \vdots & & \vdots \\ d(V_m^c,V_m^1) & d(V_m^c,V_m^2) & \cdots & d(V_m^c,V_m^l) \end{bmatrix}$$

由所有的 $\gamma(V_i^c,V_i^k)$ 构成的方案偏离度矩阵记为

$$\Gamma=\begin{bmatrix} \gamma(V_1^c,V_1^1) & \gamma(V_1^c,V_1^2) & \cdots & \gamma(V_1^c,V_1^l) \\ \gamma(V_2^c,V_2^1) & \gamma(V_2^c,V_2^2) & \cdots & \gamma(V_2^c,V_2^l) \\ \vdots & \vdots & & \vdots \\ \gamma(V_m^c,V_m^1) & \gamma(V_m^c,V_m^2) & \cdots & \gamma(V_m^c,V_m^l) \end{bmatrix}$$

Step3，构建基本概率分配函数 $m_i(e_k)$，得到的各专家的基本概率分配为

$$M=\begin{bmatrix} m_1(e_1) & m_1(e_2) & \cdots & m_1(e_l) \\ m_2(e_1) & m_2(e_2) & \cdots & m_2(e_l) \\ \vdots & \vdots & & \vdots \\ m_m(e_1) & m_m(e_2) & \cdots & m_m(e_l) \end{bmatrix}$$

按照上述度量方案偏离度的方法，我们构建以下三种基本概率分配函数。

第一种为

$$m_i^{d_1}(e_k)=\frac{d(V_i^c,V_i^k)}{\sum\limits_{k=1}^{l}d(V_i^c,V_i^k)},\quad i=1,2,\cdots,m \tag{3.10}$$

第二种为

$$m_i^{d_2}(e_k)=\frac{1-d(V_i^c,V_i^k)}{\sum\limits_{k=1}^{l}(1-d(V_i^c,V_i^k))},\quad i=1,2,\cdots,m \tag{3.11}$$

第三种为

$$m_i^{\gamma}(e_k)=\frac{\gamma(V_i^c,V_i^k)}{\sum\limits_{k=1}^{l}\gamma(V_i^c,V_i^k)},\quad i=1,2,\cdots,m \tag{3.12}$$

Step4，基于 D-S 证据合成法则进行证据融合，调整专家权重。

上述构造 mass 函数的原理不同，$m_i^{d_1}(e_k)$ 的值越大，表明该专家意见与群体意见偏离度越大，则专家权重应越小；$m_i^{d_2}(e_k)$ 和 $m_i^{\gamma}(e_k)$ 值越大，表明该专家意见与群体意见偏离度越小，则专家权重应越大。因此，针对 mass 函数的不同原理，证据融合后应采取不同方式调整专家权重。

方法一

$$\beta_k^{d_1}=\frac{1-m_{d_1}(e_k)}{\sum_{k=1}^{l}(1-m_{d_1}(e_k))},\quad k=1,2,\cdots,l \tag{3.13}$$

其中，$m_{d_1}(e_k)=(m_1^{d_1}\oplus m_2^{d_1}\oplus\cdots\oplus m_m^{d_1})(e_k)$。

方法二

$$\beta_k^{d_2}=\frac{m_{d_2}(e_k)}{\sum_{k=1}^{l}m_{d_2}(e_k)},\quad k=1,2,\cdots,l \tag{3.14}$$

其中，$m_{d_2}(e_k)=(m_1^{d_2}\oplus m_2^{d_2}\oplus\cdots\oplus m_m^{d_2})(e_k)$。

按上述过程调整专家权重称为方案下基于距离偏离度的专家权重调整方法。

方法三

$$\beta_k^{\gamma}=\frac{m_{\gamma}(e_k)}{\sum_{k=1}^{l}m_{\gamma}(e_k)},\quad k=1,2,\cdots,l \tag{3.15}$$

其中，$m_{\gamma}(e_k)=(m_1^{\gamma}\oplus m_2^{\gamma}\oplus\cdots\oplus m_m^{\gamma})(e_k)$ 。

2. 算例分析

算例 3.1 使用算例 2.11 中的数据，按照上述步骤，计算专家权重。

Step1，计算过程与算例 2.11 一样，直接用算例 2.11 中得到的规范化专家决策矩阵 $V^k\ (k=1,2,3,4)$，以及初始群决策矩阵 V^c。

Step2，计算每个方案下专家意见 V_i^k 相对群体意见 V_i^c 的偏离度，按距离和灰色关联度计算得到的方案偏离度矩阵为

$$D=\begin{bmatrix}0.0328 & 0.0864 & 0.0417 & 0.2198\\ 0.0366 & 0.0892 & 0.0405 & 0.0589\\ 0.0237 & 0.0663 & 0.0468 & 0.0949\\ 0.0889 & 0.1370 & 0.1122 & 0.0838\end{bmatrix}$$

$$\Gamma=\begin{bmatrix}0.9121 & 0.8485 & 0.8992 & 0.8104\\ 0.8005 & 0.6889 & 0.8290 & 0.7440\\ 0.8791 & 0.7271 & 0.8084 & 0.7205\\ 0.7834 & 0.7735 & 0.7013 & 0.7852\end{bmatrix}$$

Step3，基于如式(3.10)、式(3.11)和式(3.12)所示的 mass 函数，可以得到各证

据(方案)下专家的基本概率分配情况，即

$$M_{d_1}=\begin{bmatrix}0.0862 & 0.2270 & 0.1095 & 0.5774\\0.1625 & 0.3961 & 0.1798 & 0.2615\\0.1023 & 0.2861 & 0.2020 & 0.4096\\0.2107 & 0.3247 & 0.2659 & 0.1986\end{bmatrix}$$

$$M_{d_2}=\begin{bmatrix}0.2672 & 0.2524 & 0.2648 & 0.2156\\0.2552 & 0.2413 & 0.2542 & 0.2493\\0.2591 & 0.2478 & 0.2530 & 0.2402\\0.2546 & 0.2412 & 0.2481 & 0.2561\end{bmatrix}$$

$$M_{\gamma}=\begin{bmatrix}0.2628 & 0.2445 & 0.2591 & 0.2335\\0.2614 & 0.2250 & 0.2707 & 0.2429\\0.2804 & 0.2319 & 0.2579 & 0.2298\\0.2574 & 0.2542 & 0.2304 & 0.2580\end{bmatrix}$$

Step4，按 D-S 合成法则进行证据融合，得到的各专家 mass 函数的组合结果为

$$m_{d_1}(e_1)=0.0137,\quad m_{d_1}(e_2)=0.3796,\quad m_{d_1}(e_3)=0.0481,\quad m_{d_1}(e_4)=0.5582$$

$$m_{d_2}(e_1)=0.2871,\quad m_{d_2}(e_2)=0.2323,\quad m_{d_2}(e_3)=0.2696,\quad m_{d_2}(e_4)=0.211$$

$$m_{\gamma}(e_1)=0.3152,\quad m_{\gamma}(e_2)=0.2061,\quad m_{\gamma}(e_3)=0.2649,\quad m_{\gamma}(e_4)=0.2138$$

按式(3.13)、式(3.14)、式(3.15)计算得到的专家权重，即

$$\beta_1^{d_1}=0.3287,\quad \beta_2^{d_1}=0.2068,\quad \beta_3^{d_1}=0.3173,\quad \beta_4^{d_1}=0.1472$$

$$\beta_1^{d_2}=0.287,\quad \beta_2^{d_2}=0.2323,\quad \beta_3^{d_2}=0.2697,\quad \beta_4^{d_2}=0.211$$

$$\beta_1^{\gamma}=0.3152,\quad \beta_2^{\gamma}=0.2061,\quad \beta_3^{\gamma}=0.2649,\quad \beta_4^{\gamma}=0.2138$$

3.3.2　基于指标评价信息的专家权重确定方法

专家给出的决策矩阵 $V^k=\left[v_{ij}^k\right]_{m\times n}$ 也可以看作由各指标的评价信息 $V_j^k=(v_{1j}^k, v_{2j}^k,\cdots,v_{mj}^k)$ 组成，而实际中也存在某些专家可能对某些指标比较熟悉，对个别指标不太熟悉的情况。在这种情况下，我们可以根据各指标评价信息，分析专家意见与群体意见的偏离度，从而调整专家权重。具体方法如下。

第 k 个专家给出的第 j 个指标的评价信息与群决策矩阵中相应的指标评价信息的偏离度记为 $d(V_j^c,V_j^k)$，即

$$d(V_j^c,V_j^k)=\sqrt{\sum_{i=1}^{m}(v_{ij}^c-v_{ij}^k)^2},\quad j=1,2,\cdots,n \tag{3.16}$$

由所有的$d(V_j^c,V_j^k)$构成的偏离度矩阵记为

$$D_{zb}=\begin{bmatrix} d(V_1^c,V_1^1) & d(V_1^c,V_1^2) & \cdots & d(V_1^c,V_1^l) \\ d(V_2^c,V_2^1) & d(V_2^c,V_2^2) & \cdots & d(V_2^c,V_2^l) \\ \vdots & \vdots & & \vdots \\ d(V_n^c,V_n^1) & d(V_n^c,V_n^2) & \cdots & d(V_n^c,V_n^l) \end{bmatrix}$$

将各指标作为证据，构建的 mass 函数和专家权重调整公式分别为

$$m_j^{d_{zb}}(e_k)=\frac{d(V_j^c,V_j^k)}{\sum_{k=1}^{l}d(V_j^c,V_j^k)},\quad j=1,2,\cdots,n \tag{3.17}$$

$$\beta_k^{d_{zb}}=\frac{1-m_{d_{zb}}(e_k)}{\sum_{k=1}^{l}(1-m_{d_{zb}}(e_k))},\quad k=1,2,\cdots,l \tag{3.18}$$

其中，$m_{d_{zb}}(e_k)=(m_1^{d_{zb}}\oplus m_2^{d_{zb}}\oplus\cdots\oplus m_n^{d_{zb}})(e_k)$ 。

算例 3.2 使用算例 2.11 中的数据，按照上述方法，计算专家权重。

按式(3.16)计算专家给出的各指标评价信息相对群决策矩阵中相应指标评价信息的偏离度，得到的偏离度矩阵为

$$D_{zb}=\begin{bmatrix} 0.0585 & 0.0713 & 0.0659 & 0.0553 \\ 0.0691 & 0.1669 & 0.0989 & 0.0607 \\ 0.0392 & 0.0559 & 0.0582 & 0.0307 \\ 0.0338 & 0.0502 & 0.0256 & 0.2452 \end{bmatrix}$$

按式(3.17)构建 mass 函数计算，得到的各证据(指标)下专家的基本概率分配矩阵为

$$M_{d_{zb}}=\begin{bmatrix} 0.2331 & 0.2841 & 0.2625 & 0.2203 \\ 0.1747 & 0.4219 & 0.2500 & 0.1534 \\ 0.2130 & 0.3038 & 0.3163 & 0.1668 \\ 0.0952 & 0.1413 & 0.0721 & 0.6914 \end{bmatrix}$$

按 D-S 合成法则进行证据融合后，得到的各专家的合成数值分别为$m_{d_{zb}}(e_1)=0.0725, m_{d_{zb}}(e_2)=0.4517, m_{d_{zb}}(e_3)=0.1314, m_{d_{zb}}(e_4)=0.3421$ 。按式(3.18)计算得到的各专家权重分别为$\beta_1^{d_{zb}}=0.3089, \beta_2^{d_{zb}}=0.1826, \beta_3^{d_{zb}}=0.2893, \beta_4^{d_{zb}}=0.2191$ 。

3.3.3　基于多角度信息融合的专家权重确定方法

证据理论的原理是对各独立的结论通过组合给出一致性结果,实现信息互补。借鉴这种思路，下面尝试通过对不同角度信息的融合实现专家权重的调整。

1. 基于距离和灰色关联度度量信息融合的专家权重调整方法

从专家个体评价信息与群体意见的相似或相异程度来调整专家权重，其关键是采用合适的相似度或相异度度量方法。向量间的相似性或相异性可以利用距离、灰色关联度、夹角余弦、相对熵等多种方法来分析，但实际上每种方法都是从不同的角度来衡量向量间的相似度或相异度。例如，欧氏距离是从向量空间中点的位置关系来度量向量间的相异程度,采用距离度量实际上是使用相异度作为标准；灰色关联度是从序列整体态势变化的趋势度量待比较序列相对参考序列的关联程度，得到的是待比较序列间的一种基于比较意义的参考序列的相似程度，采用灰色关联度度量实际上是使用相似度作为标准。

从算例 3.1 来看，在方案评价信息下，基于距离度量和基于灰色关联度度量得到的专家权重不仅在数值上有一定的差异，在 β_2、β_4 的顺序上也略有不同，究竟哪种顺序更符合实际，很难从理论上严格推导证明。我们考虑，若将从不同角度获得的专家个体意见与群体意见的偏离程度作为证据，再通过 D-S 证据合成法则对证据进行融合，这样获得的专家意见与群体意见的偏离度计算结果应该更客观全面,因此提出一种基于距离和灰色关联度度量信息融合的专家权重调整方法。基于距离和灰色关联度度量信息指分别用欧氏距离和灰色关联度来度量专家个体意见与群体意见的偏离程度所获得的计算结果。具体步骤如下。

Step1，按 3.3.1 节中的方法计算基于距离度量的方案 V_i^k 与 V_i^c 的偏离度 $d(V_i^c,V_i^k)$。

Step2，按 3.3.1 节中的方法计算基于灰色关联度的 V_i^k 与 V_i^c 的偏离度 $\gamma(V_i^c,V_i^k)$。

Step3，按两种偏离度度量方法构建基本概率分配函数，即 mass 函数。

3.3.1 节基于距离度量方法构建了两种 mass 函数 $m_i^{d_1}(e_k)$ 和 $m_i^{d_2}(e_k)$。这两种 mass 函数的构建原理不同，$m_i^{d_1}(e_k)$ 的值越大表明该专家意见与群体意见偏离度越大，$m_i^{d_2}(e_k)$ 的值越小表明该专家意见与群体意见偏离度越大。按式(3.12)构建的基于灰色关联度度量方法的 mass 函数 $m_i^{\gamma}(e_k)$，其值越小表明该专家意见与群体意见偏离度越大。为了便于信息有效融合，这里采用 $m_i^{d_2}(e_k)$ 和 $m_i^{\gamma}(e_k)$ 两种 mass 函数。

Step4，基于 D-S 证据合成法则进行证据融合，即

$$m_i^{d\gamma_f}(e_k)=(m_i^{d_2}\oplus m_i^{\gamma})(e_k),\quad k=1,2,\cdots,l \tag{3.19}$$

基于构建的 $m_i^{d\gamma_f}(e_k)$ 计算各专家的基本概率分配，记为

$$M^{d\gamma_f}=\begin{bmatrix} m_1^{d\gamma_f}(e_1) & m_1^{d\gamma_f}(e_2) & \cdots & m_1^{d\gamma_f}(e_l) \\ m_2^{d\gamma_f}(e_1) & m_2^{d\gamma_f}(e_2) & \cdots & m_2^{d\gamma_f}(e_l) \\ \vdots & \vdots & & \vdots \\ m_m^{d\gamma_f}(e_1) & m_m^{d\gamma_f}(e_2) & \cdots & m_m^{d\gamma_f}(e_l) \end{bmatrix}$$

Step5，计算专家权重。专家权重的调整方法为

$$\beta_k^{d\gamma_f}=\frac{m_{d\gamma_f}(e_k)}{\sum_{k=1}^{l} m_{d\gamma_f}(e_k)},\quad k=1,2,\cdots,l \tag{3.20}$$

其中，$m_{d\gamma_f}(e_k)=(m_1^{d\gamma_f}\oplus m_2^{d\gamma_f}\oplus\cdots\oplus m_m^{d\gamma_f})(e_k)$。

算例 3.3 使用算例 2.11 中的数据，按照上述方法，计算专家权重。

通过 Step1～Step4 的计算，得到的各专家的基本概率分配矩阵为

$$M^{d\gamma_f}=\begin{bmatrix} 0.2798 & 0.2459 & 0.2734 & 0.2006 \\ 0.2664 & 0.2169 & 0.2748 & 0.2419 \\ 0.2901 & 0.2294 & 0.2605 & 0.2204 \\ 0.2620 & 0.2452 & 0.2286 & 0.2642 \end{bmatrix}$$

通过 Step5 的计算，可以得到 $m_{d\gamma_f}(e_1)=0.3505, m_{d\gamma_f}(e_2)=0.1856$，$m_{d\gamma_f}(e_3)=0.2768, m_{d\gamma_f}(e_4)=0.1748$，$\beta_1^{d\gamma_f}=0.3549, \beta_2^{d\gamma_f}=0.1879, \beta_3^{d\gamma_f}=0.2802, \beta_4^{d\gamma_f}=0.1770$。

2. 基于距离和灰色关联度度量信息融合的专家权重调整方法

第 2 章曾用专家个体决策矩阵与群决策矩阵的差异程度反映专家个体意见与群体意见的偏离度，为了便于比较各种方法的效果，我们从决策矩阵评价信息角度，提出第二种基于距离和灰色关联度量信息融合的专家权重调整方法，主要步骤如下。

Step1，分别按式(2.34)和式(2.37)计算得到决策矩阵的距离偏离度 $d(V^c,V^k)$，以及决策矩阵的灰色关联偏离度 $g'(V^c,V^k)$。

Step2，分别按式(3.21)和式(3.22)构建 mass 函数，即

$$m_1(e_k)=\frac{1-d(V^c,V^k)}{\sum_{k=1}^{l}\left(1-d(V^c,V^k)\right)},\quad k=1,2,\cdots,l \tag{3.21}$$

$$m_2(e_k)=\frac{1-g'(V^c,V^k)}{\sum_{k=1}^{l}\left(1-g'(V^c,V^k)\right)}=\frac{\sum_{i=1}^{m}\gamma(V_i^c,V_i^k)}{\sum_{k=1}^{l}\sum_{i=1}^{m}\gamma(V_i^c,V_i^k)},\quad k=1,2,\cdots,l \tag{3.22}$$

Step3，根据 D-S 证据合成法则进行证据合成，即

$$m_{d\gamma_V}(e_k)=(m_1\oplus m_2)(e_k),\quad k=1,2,\cdots,l \tag{3.23}$$

Step4，调整专家权重，即

$$\beta_k^{d\gamma_V}=\frac{m_{d\gamma_V}(e_k)}{\sum_{k=1}^{l}m_{d\gamma_V}(e_k)},\quad k=1,2,\cdots,l \tag{3.24}$$

算例 3.4　使用算例 2.11 中的数据，按照上述方法，计算专家权重。

通过 Step1 和 Step2 的计算，得到的各专家的基本概率分配为

$$M^{d\gamma_V}=\begin{bmatrix}0.2852 & 0.233 & 0.2695 & 0.2123\\ 0.2655 & 0.239 & 0.2547 & 0.2407\end{bmatrix}$$

通过 Step3 和 Step4 的计算，可以得到 $m_{d\gamma_V}(e_1)=0.3014, m_{d\gamma_V}(e_2)=0.2217$, $m_{d\gamma_V}(e_3)=0.2734, m_{d\gamma_V}(e_4)=0.2034$, $\beta_1^{d\gamma_V}=0.3014, \beta_2^{d\gamma_V}=0.2217, \beta_3^{d\gamma_V}=0.2734$, $\beta_4^{d\gamma_V}=0.2034$。

3. 基于方案和指标度量信息融合的专家权重调整方法

专家给出的评价信息即决策矩阵 $V^k=\left[v_{ij}^k\right]_{m\times n}$，既可以看作是由各方案的评价信息 $V_i^k=(v_{i1}^k,v_{i2}^k,\cdots,v_{in}^k)$ 组成的，也可以看作是由各指标的评价信息 $V_j^k=(v_{1j}^k, v_{2j}^k,\cdots,v_{mj}^k)$ 组成的。方案的评价信息体现专家对各方案的基于比较意义上的评价意见，而指标评价信息则体现专家对各方案在某个指标上的基于比较意义的评价意见，因此基于方案评价信息的专家意见与群体意见的偏离度分析和基于指标评价信息的专家意见与群体意见的偏离度分析，实际上是从两种角度对专家意见的偏离度分析。本着信息互补的思想，本书提出一种基于指标和方案度量信息融合的专家权重调整方法。其中，指标度量信息指根据专家决策矩阵 $V^k=\left[v_{ij}^k\right]_{m\times n}$ 中每个指标的评价信息 $V_j^k=(v_{1j}^k,v_{2j}^k,\cdots,v_{mj}^k)$，与群决策矩阵中相应指标评价信息的偏离度计算结果；方案度量信息指根据专家决策矩阵 $V^k=\left[v_{ij}^k\right]_{m\times n}$ 中每个方案的评价信息 $V_i^k=(v_{i1}^k,v_{i2}^k,\cdots,v_{in}^k)$，与群决策矩阵中相应方案评价信息的偏离度计算结果。具体方法如下。

Step1，基于距离度量方法按式(2.33)和式(3.16)计算方案度量信息 $d(V_i^c, V_i^k)$ 和指标度量信息 $d(V_j^c, V_j^k)$。

Step2，分别按式(3.13)和式(3.18)构建 mass 函数 $m_{d_1}(e_k)$ 和 $m_{d_{zb}}(e_k)$。

Step3，利用 D-S 证据合成法则进行证据合成，即

$$m_{zf}(e_k) = (m_{d_1} \oplus m_{zb})(e_k), \quad k = 1, 2, \cdots, l \tag{3.25}$$

Step4，按式(3.26)调整专家权重，即

$$\beta_k^{zf} = \frac{1 - m_{zf}(e_k)}{\sum_{k=1}^{l}(1 - m_{zf}(e_k))}, \quad k = 1, 2, \cdots, l \tag{3.26}$$

算例 3.5　使用算例 2.11 中的数据，按照上述方法，计算专家权重。

通过 Step1～Step3 的计算，得到各专家的基本概率分配为

$$M^{zf} = \begin{bmatrix} 0.0137 & 0.3796 & 0.0481 & 0.5582 \\ 0.0725 & 0.4517 & 0.1314 & 0.3421 \end{bmatrix}$$

通过 Step3 和 Step4 的计算，可以得到 $m_{zf}(e_1) = 0.028, m_{zf}(e_2) = 0.4632, m_{zf}(e_3) = 0.0174, m_{zf}(e_4) = 0.5165, \beta_1^{zf} = 0.3267, \beta_2^{zf} = 0.1804, \beta_3^{zf} = 0.3303, \beta_4^{zf} = 0.1625$。

3.3.4　三类专家权重确定方法的对比分析

3.3.1～3.3.3 节提出的专家权重调整方法的思路和原理是不相同的，针对同样的算例数据，各种方法计算得到的专家权重不同，排序也不完全一样，究竟哪种方法计算的结果更合理，从理论上很难精确分析推导，但在同样的数据条件下，基于同一标准进行各种方法计算结果的对比，可以在一定程度上反映各种方法计算结果合理性的强弱。

1. 基于方案评价信息的各种方法对比

3.3.1 节构建的 $m_{d_1}(e_k)$、$m_{d_2}(e_k)$、$m_\gamma(e_k)$，以及 3.3.3 节构建的 $m_{d\gamma_f}(e_k)$，实际上都是以专家个体决策矩阵中的每个方案评价信息与群决策矩阵中的相应方案评价信息的偏离程度为基础构建的，只是前 3 个 mass 函数的构建都是单独使用距离度量或灰色关联度度量方法，而第 4 个 mass 函数则是使用距离和灰色关联度两种度量方法通过信息融合构建的。若专家权重调整中分别用 $m_{d_1}(e_k)$、$m_{d_2}(e_k)$、$m_\gamma(e_k)$ 和 $m_{d\gamma_f}(e_k)$ 来计算，则 4 种方法计算的专家权重对比结果如图 3.2 所示。

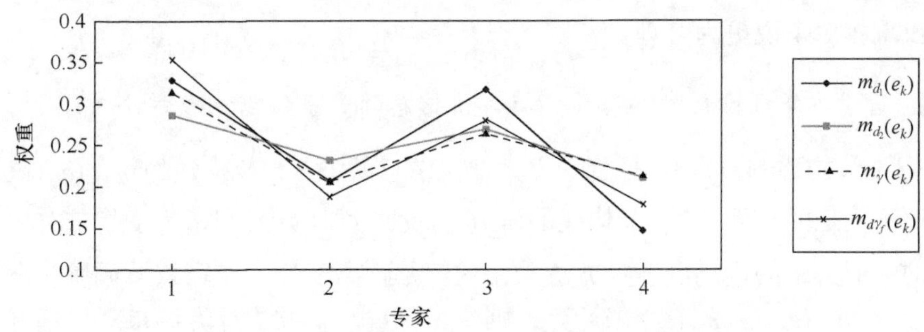

图 3.2　4 种基于方案评价信息的专家权重调整方法计算结果对比

由图 3.2 可见，从专家权重的排序看，第 1、2、4 种方法计算得到的专家权重从大到小排序都是 $\beta_1 > \beta_3 > \beta_2 > \beta_4$，而第 3 种方法获得的专家权重排序在专家 2 和专家 4 的权重排序上不同；从专家权重的大小看，第 4 种方法给专家 1 赋予了相对前 3 种方法更高的权重，对专家 2 赋予了更低的权重，而对专家 2 和专家 4 的权重则是对前 3 种方法的折中。为了验证哪种方法调整的专家权重相对比较合理，我们根据计算的专家权重，按式(2.41)计算获得专家权重调整后的群决策矩阵，并用 2.5 节中的矩阵满意度分析方法，计算 4 种方法的满意度结果，如表 3.2 所示。

表 3.2　4 种方法获得的群决策矩阵满意度对比

mass 函数	$h(V,V^1)$	$h(V,V^2)$	$h(V,V^3)$	$h(V,V^4)$	满意度
$m_{d_1}(e_k)$	0.0119	0.0463	0.0244	0.0874	39.5
$m_{d_2}(e_k)$	0.0139	0.0475	0.0293	0.0759	35.8
$m_\gamma(e_k)$	0.0125	0.0507	0.0298	0.0737	36.71
$m_{d\gamma_f}(e_k)$	0.0107	0.0506	0.0276	0.0797	40.5

由此可见，无论是距离度量还是灰色关联度，基于证据理论的专家权重调整方法获得的群决策矩阵满意度都要高一些，表明基于 D-S 证据理论的专家权重调整方法的有效性。在前 3 种方法中，$m_{d_1}(e_k)$下获得的群决策矩阵满意度最高，而$m_{d_2}(e_k)$下获得的群决策矩阵满意度最低，表明直接用欧氏距离度量的方案偏离度信息来构建 mass 函数效果要好一些；从$m_{d_1}(e_k)$和$m_\gamma(e_k)$的情况对比看，用欧氏距离度量方案间的偏离度比用灰色关联度度量方案间的偏离度更为合适。第 4 种方法的群决策矩阵满意度最高，表明在同样基于方案评价信息条件下，通过将距离度量信息和灰色关联度度量信息进行信息融合可以实现信息互补，因此获得的

专家权重相对来说更为合理。

2. 基于方案评价信息和基于指标评价信息的专家权重调整方法对比

3.3.1 节构建的 $m_{d_1}(e_k)$ 是基于方案评价信息的，3.3.2 节构建的 $m_{d_{zb}}(e_k)$ 是基于指标评价信息的，而 3.3.3 节构建的 $m_{zf}(e_k)$ 是通过将方案和指标度量信息融合来构建的，但其中的偏离度度量方法采用的都是距离度量。专家权重调整中分别用 $m_{d_1}(e_k)$、$m_{d_{zb}}(e_k)$、$m_{zf}(e_k)$ 来计算，则专家权重调整方法计算结果对比情况如图 3.3 所示。第 1、3 种方法得到的专家权重排序为 $\beta_1 > \beta_3 > \beta_2 > \beta_4$，第 2 种方法得到的专家权重排序为 $\beta_1 > \beta_3 > \beta_4 > \beta_2$。从计算得到的专家权重值的大小看，第 3 种方法中专家 2 的权重更接近第 2 种方法的计算结果，而专家 4 的权重更接近第 1 种方法的结果，表明第 3 种方法通过信息融合，计算得到的专家权重是对前两种方法结果的某种折中。

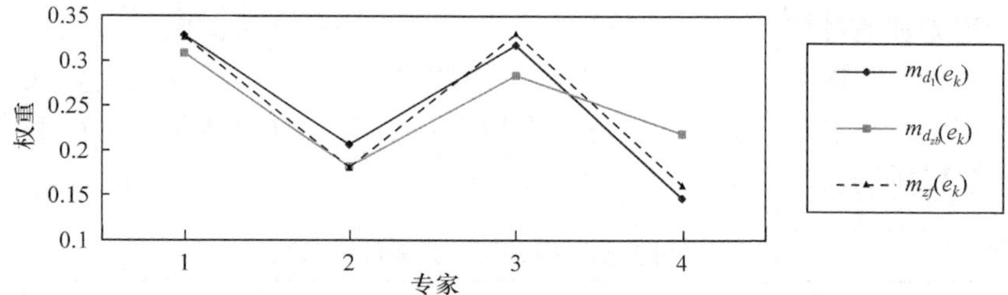

图 3.3　基于方案和指标评价信息的 3 种专家权重调整方法计算结果对比

3 种方法获得的群决策矩阵满意度角度对比如表 3.3 所示。

表 3.3　3 种方法获得的群决策矩阵满意度对比

mass 函数	$h(V,V^1)$	$h(V,V^2)$	$h(V,V^3)$	$h(V,V^4)$	满意度
$m_{d_1}(e_k)$	0.0119	0.0463	0.0244	0.0874	39.5
$m_{d_{zb}}(e_k)$	0.0122	0.0532	0.0286	0.0720	37.4
$m_{zf}(e_k)$	0.0109	0.0492	0.0237	0.0828	41.58

由表 3.3 可见，通过将方案和指标度量信息融合，计算得到的专家权重获得的群决策矩阵满意度最高，而基于方案评价信息的专家权重调整方法获得的群决策矩阵满意度为 39.5，比基于指标评价信息的专家权重调整方法获得的群决策矩阵满意度要高。

3. 基于多角度信息融合的各种专家权重调整方法对比

3.3.3 节提出 3 种基于多角度信息融合的专家权重调整方法，前两种方法分别是在方案、决策矩阵下通过将距离度量信息和灰色关联度度量信息融合来构建 mass 函数 $m_{d\gamma_f}(e_k)$ 和 $m_{d\gamma_V}(e_k)$；第 3 种方法是基于距离度量，对基于方案评价信息获得的专家意见偏离度分析结果与基于指标评价信息获得的专家意见偏离度分析结果进行融合构建 mass 函数 $m_{zf}(e_k)$。若专家权重调整中分别用 $m_{d\gamma_f}(e_k)$、$m_{d\gamma_V}(e_k)$、$m_{zf}(e_k)$ 计算，则计算结果对比情况如图 3.4 所示。

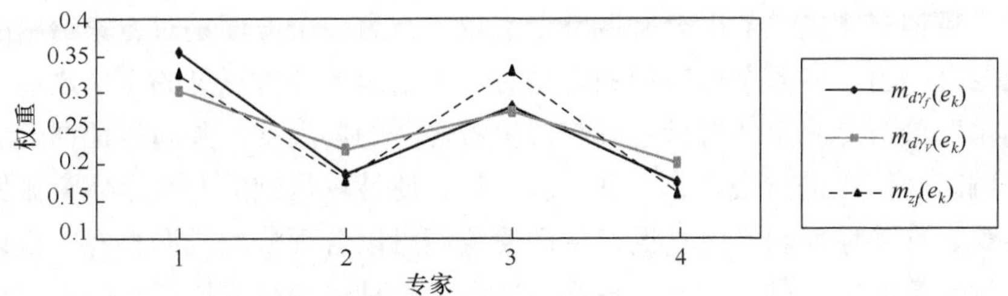

图 3.4　3 种基于多角度信息融合的专家权重调整方法计算结果对比

由图 3.4 可见，3 种方法获得的专家权重排序完全一致，都是 $\beta_1 > \beta_3 > \beta_2 > \beta_4$。在权重大小上，第 1 种方法和第 3 种方法的计算结果更接近。3 种基于多角度信息融合方法获得的群决策矩阵满意度对比如表 3.4 所示。

表 3.4　3 种基于多角度信息融合方法获得的群决策矩阵满意度对比

mass 函数	$h(V,V^1)$	$h(V,V^2)$	$h(V,V^3)$	$h(V,V^4)$	满意度
$m_{d\gamma_f}(e_k)$	0.0107	0.0506	0.0276	0.0797	40.5
$m_{d\gamma_V}(e_k)$	0.0129	0.0479	0.0285	0.0764	36.64
$m_{zf}(e_k)$	0.0109	0.0492	0.0237	0.0828	41.58

由表 3.4 可见，第 3 种方法获得的群决策矩阵满意度最高，第 2 种方法的满意度最低。这表明，在决策矩阵满意度标准下，同样通过将距离度量信息和灰色关联度度量信息融合的条件下，利用决策矩阵的行或列度量信息比直接用整个矩阵的度量信息可以获得更高的群决策矩阵满意度；将方案度量信息和指标度量信息融合比将距离度量信息和灰色关联度度量信息融合可以获得更高的群决策矩阵满意度。

3.4　基于证据理论的多属性群决策方法

3.4.1　基于证据理论的多属性群决策方法的两种思路

在采用 D-S 证据理论解决多属性决策问题时，关键是要有效利用其在不确定信息的描述、组合方面的优势进行合理的信息融合。针对本书研究的问题背景，主要有两个方面的问题需要用证据合成法则进行信息融合，一个方面是通过对专家个体意见偏离度信息的融合来调整专家权重，另一个方面是对专家给出的评价信息的融合。由于专家个体决策矩阵是对专家给出的评价意见的直接描述，因此从不同角度分析专家个体决策矩阵与群决策矩阵的偏离度，并通过证据合成法则对这些偏离度信息进行融合，实现信息互补，使计算得到的专家个体意见偏离度可以客观、准确地反映实际情况，从而使我们可以合理分配或调整专家权重。对专家评价信息的融合则考虑从两种途径实现：一种途径是根据获得的专家权重，直接通过某种方法构建群决策矩阵，再根据群决策矩阵利用 D-S 证据合成法则得到方案排序；另一种途径是充分利用证据理论处理不确定性的优点，同时结合其他多属性决策方法的优势，首先采用某种多属性决策方法获得专家个体决策矩阵下的方案排序向量，再针对由这些排序向量组成的方案矩阵，利用 D-S 证据合成法则综合专家意见，获得最终的方案排序结果。采用前一种实现途径的方法称为过程集结方式下基于证据理论的多属性群决策方法。采用后一种途径的方法称为结果集结方式下基于证据理论的多属性群决策方法。这两种途径体现了两种基于 D-S 证据理论的多属性群决策方法思路，如图 3.5 所示。

3.4.2　过程集结方式下基于证据理论的多属性群决策方法

由图 3.5 所示的过程集结方式下的基于证据理论的多属性群决策方法思路可见，这种方法的实现需要解决三个关键问题：一是针对单个决策矩阵的 mass 函数的构建；二是证据间冲突较大时的证据权重确定；三是如何将各专家给出的个体决策矩阵集结成反映群体偏好的群决策矩阵，即将多人多决策矩阵的多属性群决策问题转换成单决策矩阵的多属性决策问题。

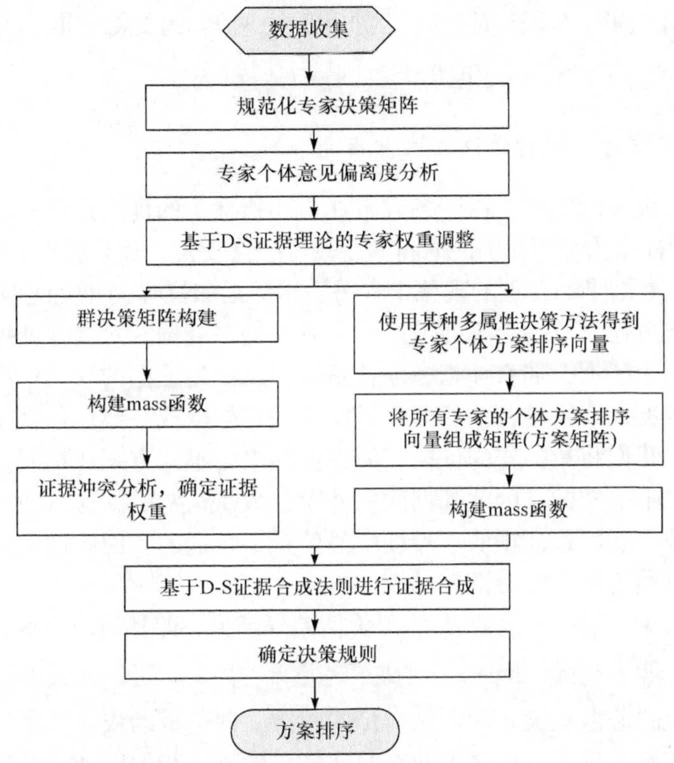

图 3.5　基于 D-S 证据理论的多属性群决策方法的两种思路

1. 基于单个决策矩阵的 mass 函数构建

设由专家个体决策矩阵$V^k=\left[v_{ij}^k\right]_{m\times n}, k=1,2,\cdots,l$已通过某种方法集结成群决策矩阵$V^q=\left[v_{ij}^q\right]_{m\times n}$。由于事物影响因素之间的作用机理复杂，以及人类认知的局限性，专家在进行指标评分时，通常与其他方案或参考值比较来确定指标分值，因此在得到的群决策矩阵$V^q=\left[v_{ij}^q\right]_{m\times n}$中，第 j 个指标的评价值$(v_{1j}^q,v_{2j}^q,\cdots,v_{mj}^q)$，实际上反映专家群体对这 m 个方案在第 j 个指标下的相对优劣程度的评价，也可以认为v_{ij}^q越大，表示指标C_j对方案的支持程度越高。若将指标$C_1,C_2,\cdots,C_n$作为一组证据，设辨识空间为$\Theta=\left\{A_1,A_2,\cdots,A_m\right\}$，则可以利用方案$A_i$在指标$C_j$下的评分$v_{ij}^q$构建各证据下的不同方案的 mass 函数$m_j(A_i)$，即

$$m_j(A_i)=\frac{v_{ij}^q}{\sum_{i=1}^m v_{ij}^q} \tag{3.27}$$

其中，$m_j(A_i)$ 为第 j 个证据(指标 C_j)对命题(方案 A_i)的支持程度，方案 A_i 相对其他方案在指标 C_j 下的评分 v_{ij}^q 值越大，则 $m_j(A_i)$ 越大。

2. 将指标作为证据时的证据权重确定

在多属性决策问题中，由于各方案在不同指标下的优劣排序一般并不完全一致，因此将指标作为证据时，证据间的冲突可能会较大。为了避免证据冲突较大时可能造成的决策结果不合理的现象，本书采用证据加权解决冲突证据的合成问题。

证据的权重通常从两个方面考虑，一方面是该证据相对其他证据的重要性，例如将指标作为证据，那么该指标的权重就可以作为证据的权重；另一方面是从证据的可靠程度来考虑的，一般通过证据间的相似度或一致性程度来度量。在本书的问题中，我们将指标作为证据，而在实际中，不同方案在不同指标下的评价值或者排序是不一样的，因此证据间的冲突较大是正常的。这时通过证据间的相似度或一致性程度度量证据的可靠程度显然是不合适的，因此这里只能从证据，即指标的重要性角度考虑为证据加权。

一般地，各方案在指标 C_j 下的评价值差异越大，即其值越分散，表明指标对各方案的区分能力越强，指标 C_j 对决策越重要。因此，可以通过度量各方案在某指标下评价值的分散程度，确定该指标的权重，即证据的权重。由于灰色关联分析可以在贫信息条件下，对序列曲线几何形状的整体相似度做出度量，因此这里采用灰色关联度度量指标下评价值的分散程度，提出基于灰色关联的指标证据权重确定方法。具体方法是将指标(证据) C_j 下的 $m_j(A_1), m_j(A_2), \cdots, m_j(A_m)$ 作为比较序列 $X_j=(x_j(1), x_j(2), \cdots, x_j(m))$，将其中最大值记为 $x_0(i)=\max\limits_{1\leqslant j\leqslant n} x_j(i), i=1,2,\cdots,m$，构成参考序列 $X_0^+=(x_0(1), x_0(2), \cdots, x_0(m))$，利用式(2.13)计算比较序列相对参考序列的灰色综合关联度 $\gamma_{0j}, j=1,2,\cdots,n$。$\gamma_{0j}$ 值越大，表明指标 C_j 的区分能力越弱，其权重应该越低。于是，指标的权重，即证据的权重计算公式为

$$\psi_j=\frac{1-\gamma_{0j}}{\sum\limits_{j=1}^{n}(1-\gamma_{0j})} \tag{3.28}$$

其中，$\sum\limits_{j=1}^{n}\psi_j=1$。

3. 基于 D-S 证据理论的群决策矩阵构建

第 2 章曾利用获得的专家权重，通过加权平均方式对专家个体决策矩阵进行

集结得到群决策矩阵，并通过2.7节的算例分析验证在已获得专家权重的条件下，采用加权平均方式获得的群决策矩阵比用 OWA 算子集结得到的群决策矩阵，具有相对较高的群体满意度。为了进一步丰富并完善理论和方法，我们从信息融合的角度，提出一种基于 D-S 证据理论的群决策矩阵构建方法。其主要过程如下。

首先，对各专家给出的决策矩阵为$V^k=\left[r_{ij}^k\right]_{m\times n}$，按指标$C_1,C_2,\cdots,C_n$将$k$个专家个体决策矩阵转换成$n$个$l\times m$阶矩阵，即

$$Q^j=\begin{bmatrix} v_{1j}^1 & v_{2j}^1 & \cdots & v_{mj}^1 \\ v_{1j}^2 & v_{2j}^2 & \cdots & v_{mj}^2 \\ \vdots & \vdots & & \vdots \\ v_{1j}^l & v_{2j}^l & \cdots & v_{mj}^l \end{bmatrix},\quad j=1,2,\cdots,n \tag{3.29}$$

其中，第j个矩阵Q^j中的第k行由第k个专家个体决策矩阵$V^k=\left[v_{ij}^k\right]_{m\times n}$中的第$j$列$(v_{1j}^k,v_{2j}^k,\cdots,v_{mj}^k)$构成。

然后，针对$Q^j(j=1,2,\cdots,n)$，按专家对每个指标下方案的评价信息进行融合。由于基于 D-S 证据理论进行信息融合后，要求的是各指标反映群体意见的评价值，因此设辨识空间$\Theta=\{A_1,A_2,\cdots,A_m\}$，将各专家$E=\{e_1,e_2,\cdots,e_l\}$看作证据源，利用专家$e_k$对方案$A_i$在指标$C_j$的评价值$v_{ij}^k$，构建各证据(即专家)下不同方案的 mass 函数$m_k^{C_j}(A_i)$，即

$$m_k^{C_j}(A_i)=\frac{r_{ij}^k}{\sum_{i=1}^m v_{ij}^k} \tag{3.30}$$

由于这里的证据源是专家，而专家的评价意见不可能完全一致，因此表现在各证据之间，一般会存在较大冲突。为了避免高度冲突可能造成的不合理的证据合成结果，我们采用基于证据加权的 mass 函数及合成法则进行信息融合。由于证据源是专家，因此可用专家权重作为各证据的权重。至于专家权重的调整方法，我们采用基于方案和指标度量信息融合的专家权重调整方法，获得专家权重$(\beta_1,\beta_2,\cdots,\beta_l),\sum_{k=1}^l\beta_k=1$。证据加权按式(3.31)进行，可以得到证据加权后的新 mass 函数，即

$$m_k'^{C_j}(A_i)=\beta_k m_k^{C_j}(A_i),\quad k=1,2,\cdots,l \tag{3.31}$$

基于证据加权的合成法则进行信息融合，即

$$m^{C_j}(A_i)=(m_1'^{C_j}\oplus m_2'^{C_j}\oplus\cdots\oplus m_l'^{C_j})(A_i) \tag{3.32}$$

最后，用得到的 $m^{C_j}(A_i)$ 组成群决策矩阵 $V_{D-S}^q=\left[v_{ij}^q\right]_{m\times n}$，即

$$V_{D-S}^q=\begin{bmatrix} m^{C_1}(A_1) & m^{C_2}(A_1) & \cdots & m^{C_n}(A_1) \\ m^{C_1}(A_2) & m^{C_2}(A_2) & \cdots & m^{C_n}(A_2) \\ \vdots & \vdots & & \vdots \\ m^{C_1}(A_m) & m^{C_2}(A_m) & \cdots & m^{C_n}(A_m) \end{bmatrix} \tag{3.33}$$

其中，$v_{ij}^q=m^{C_j}(A_i)$。

由于群决策矩阵代表对专家意见的集结，因此后续的方案排序就可对群决策矩阵进行。这样，我们就将多人多决策矩阵的多属性群决策问题转换成单决策矩阵的多属性决策问题。

4. 过程集结方式下基于证据理论的多属性群决策方法主要步骤

多属性决策的结果是要获得方案 $A_i, i=1,2,\cdots,m$ 的综合评价值或方案的排序结果。方案的综合评价值一般由构成其属性或指标的评分通过某种方法计算得到，因此可以将方案集构成辨识框架，将指标体系视为一组证据信息。于是，在单个决策矩阵，即群决策矩阵 $V_{D-S}^q=\left[v_{ij}^q\right]_{m\times n}$ 中，基于 D-S 证据理论的多属性决策方法的主要思路是设辨识空间为 $\Theta=\{A_1,A_2,\cdots,A_m\}$，将指标 $C_1,C_2,\cdots,C_n$ 作为一组证据，利用方案 A_i 在指标 C_j 下的评分 v_{ij}^q 构建各证据下不同方案的 mass 函数 $m_j(A_i)$，然后用基于证据加权的合成法则进行证据信息融合，再根据信度函数最大化原则确定方案排序。

过程集结方式下基于 D-S 证据理论的多属性群决策方法的主要步骤如下。

Step1，采用基于方案和指标度量信息融合的专家权重调整方法获得专家权重 $B=\{\beta_1,\beta_2,\cdots,\beta_l\},\sum_{k=1}^{l}\beta_k=1$。

Step2，采用基于 D-S 证据理论的群决策矩阵构建方法构建群决策矩阵。

Step3，按式(3.25)构建 mass 函数 $m_j(A_i)$。

Step4，按式(3.26)计算证据权重。

Step5，按式(3.6)和式(3.7)得到证据加权后的新的 mass 函数 $m_j^{\psi_j}(A_i)$。

Step6，按照基于证据加权的 D-S 合成法则进行证据合成，即

$$\mathrm{bel}(A_i)=(m_1^{\psi_1}\oplus m_2^{\psi_2}\oplus\cdots\oplus m_n^{\psi_n})(A_i) \tag{3.34}$$

Step7，按照信度函数最大化原则确定方案的排序。

5. 算例分析

算例 3.6　使用算例 2.11 中的数据，按照上述方法，计算各方案综合评价值，获得方案排序。

Step1，基于方案和指标度量信息融合的专家权重调整方法获得专家权重，即 $\beta_1 = 0.3267, \beta_2 = 0.1804, \beta_3 = 0.3303, \beta_4 = 0.1625$。

Step2，基于 D-S 证据理论构建群决策矩阵，将 4 个专家的个体决策矩阵转换为如下 4 个 4×4 矩阵，即

$$Q^1 = \begin{bmatrix} 0.2727 & 0.2121 & 0.2121 & 0.3030 \\ 0.2121 & 0.2727 & 0.2424 & 0.2727 \\ 0.3030 & 0.2727 & 0.2121 & 0.2121 \\ 0.2727 & 0.2121 & 0.2727 & 0.2424 \end{bmatrix}$$

$$Q^2 = \begin{bmatrix} 0.3214 & 0.25 & 0.25 & 0.1786 \\ 0.25 & 0.3214 & 0.1786 & 0.25 \\ 0.303 & 0.2424 & 0.2424 & 0.2121 \\ 0.3103 & 0.2759 & 0.2414 & 0.1724 \end{bmatrix}$$

$$Q^3 = \begin{bmatrix} 0.2353 & 0.2059 & 0.2647 & 0.2941 \\ 0.2121 & 0.2727 & 0.2424 & 0.2727 \\ 0.2581 & 0.2258 & 0.2903 & 0.2258 \\ 0.2667 & 0.2333 & 0.2333 & 0.2667 \end{bmatrix}$$

$$Q^4 = \begin{bmatrix} 0.3056 & 0.25 & 0.2222 & 0.2222 \\ 0.25 & 0.2917 & 0.25 & 0.2083 \\ 0.2694 & 0.2694 & 0.2424 & 0.2121 \\ 0.5 & 0.2143 & 0.1429 & 0.1429 \end{bmatrix}$$

按式(3.30)构建 mass 函数 $m_k^{C_j}(A_i)$，并按式(3.31)进行证据加权得到新 mass 函数 $m_k'^{C_j}(A_i)$。针对各指标计算各证据(专家)下方案的基本概率分配情况，如矩阵 $M^j = \left[m_k'^{C_j}(A_i) \right]_{k\times i}, j = 1,2,\cdots,4$，即

$$M^1 = \begin{bmatrix} 0.0891 & 0.0693 & 0.0693 & 0.0990 \\ 0.0383 & 0.0492 & 0.0437 & 0.0492 \\ 0.1001 & 0.0901 & 0.0701 & 0.0701 \\ 0.0443 & 0.0345 & 0.0443 & 0.0394 \end{bmatrix}$$

$$M^2 = \begin{bmatrix} 0.1050 & 0.0817 & 0.0817 & 0.0583 \\ 0.0451 & 0.0580 & 0.0322 & 0.0451 \\ 0.1001 & 0.0801 & 0.0801 & 0.0701 \\ 0.0504 & 0.0448 & 0.0392 & 0.0280 \end{bmatrix}$$

$$M^3 = \begin{bmatrix} 0.0769 & 0.0673 & 0.0865 & 0.0961 \\ 0.0383 & 0.0492 & 0.0437 & 0.0492 \\ 0.0853 & 0.0746 & 0.0959 & 0.0746 \\ 0.0433 & 0.0379 & 0.0379 & 0.0433 \end{bmatrix}$$

$$M^4 = \begin{bmatrix} 0.0998 & 0.0817 & 0.0726 & 0.0726 \\ 0.0451 & 0.0526 & 0.0451 & 0.0376 \\ 0.0896 & 0.0896 & 0.0806 & 0.0705 \\ 0.0813 & 0.0348 & 0.0232 & 0.0232 \end{bmatrix}$$

基于证据加权的合成法则进行信息融合，按式(3.33)计算得到群决策矩阵，即

$$V_{D-S}^q = \begin{bmatrix} 0.1689 & 0.1887 & 0.1488 & 0.1966 \\ 0.1481 & 0.1615 & 0.1378 & 0.1587 \\ 0.1365 & 0.1420 & 0.1633 & 0.1341 \\ 0.1579 & 0.1198 & 0.1616 & 0.1226 \end{bmatrix}$$

Step3，针对群决策矩阵 V_{D-S}^q，按式(3.27)构建 mass 函数 $m_j(A_i)$，得到各证据(指标)下方案的基本概率分配情况，即

$$M = \begin{bmatrix} 0.2763 & 0.2422 & 0.2233 & 0.2583 \\ 0.3083 & 0.2639 & 0.2320 & 0.1958 \\ 0.2433 & 0.2253 & 0.2670 & 0.2643 \\ 0.3212 & 0.2593 & 0.2191 & 0.2003 \end{bmatrix}$$

Step4，按式(3.28)计算证据权重，即 $\psi_1 = 0.25, \psi_2 = 0.2686, \psi_3 = 0.1959, \psi_4 = 0.2858$。

Step5，按式(3.6)和式(3.7)得到证据加权后的新的 mass 函数 $m_j^{\psi_j}(A_i)$。由此可得证据加权后各证据(指标)下方案的基本概率分配情况，即

$$M^{\psi} = \begin{bmatrix} 0.0691 & 0.0606 & 0.0558 & 0.0646 \\ 0.0828 & 0.0709 & 0.0441 & 0.0741 \\ 0.0558 & 0.0623 & 0.0523 & 0.0626 \\ 0.0646 & 0.0526 & 0.0518 & 0.0572 \end{bmatrix}$$

Step6，按式(3.34)，用基于证据加权的 D-S 合成法进行证据合成，即

$$\mathrm{bel}(A_1) = (m_1^{\psi_1} \oplus m_2^{\psi_2} \oplus \cdots \oplus m_n^{\psi_n})(A_1) = 0.1797$$
$$\mathrm{bel}(A_2) = (m_1^{\psi_1} \oplus m_2^{\psi_2} \oplus \cdots \oplus m_n^{\psi_n})(A_2) = 0.1508$$
$$\mathrm{bel}(A_3) = (m_1^{\psi_1} \oplus m_2^{\psi_2} \oplus \cdots \oplus m_n^{\psi_n})(A_3) = 0.1390$$
$$\mathrm{bel}(A_4) = (m_1^{\psi_1} \oplus m_2^{\psi_2} \oplus \cdots \oplus m_n^{\psi_n})(A_4) = 0.1342$$

Step7，按照信度函数最大化原则确定方案的排序，即 $A_1 \succ A_2 \succ A_3 \succ A_4$。

3.4.3　结果集结方式下基于证据理论的多属性群决策方法

结果集结方式下基于证据理论的多属性群决策方法的主要思路是：首先依据专家的个体决策矩阵 $V^k, k=1,2,\cdots,l$，利用某种多属性决策方法得到各专家的个体方案排序向量；然后用 D-S 证据合成法则对各专家排序结果进行合成，得到最终的方案评价值和排序结果。在本书研究的多属性群决策问题中，评价信息来自专家群体的打分，由于实际问题的复杂性和人类认知的局限性，各专家的评价信息一般具有一定的不确定性和不完全性，且样本数量少，不适合使用基于统计的决策方法。这里采用基于灰色关联的多属性决策方法获得专家个体方案排序向量。

1. 方法的主要过程

Step1，针对专家初始个体决策矩阵 $R^k = \left[r_{ij}^k\right]_{m\times n}$，使用灰色关联多属性决策方法获得专家 k 的个体方案排序向量 $(s_{k1}, s_{k2}, \cdots, s_{km})$，将所有专家个体方案排序向量记为矩阵形式，即

$$S = \begin{bmatrix} s_{11} & s_{12} & \cdots & s_{1m} \\ s_{21} & s_{22} & \cdots & s_{2m} \\ \vdots & \vdots & & \vdots \\ s_{l1} & s_{l2} & \cdots & s_{lm} \end{bmatrix} \tag{3.35}$$

称为方案矩阵。灰色关联度模型采用式(2.13)所示的灰色综合关联度模型。

Step2，针对方案矩阵 S，设 m 个待评估方案构成辨识空间 $\Theta = \{A_1, A_2, \cdots, A_m\}$，将专家 $E = \{e_1, e_2, \cdots, e_l\}$ 看作证据源，构建如下 mass 函数，即

$$m_k(A_i) = \frac{s_{ki}}{\sum_{i=1}^{m} s_{ki}}, \quad k=1,2,\cdots,l; i=1,2,\cdots,m \tag{3.36}$$

其中，$m_k(A_i)$ 反映当由专家 k 的个体决策矩阵获得的方案 A_i 的综合评价值越高，则在证据(专家 k)下对命题(方案 A_i)的支持程度越高。

Step3，利用专家权重 $(\beta_1,\beta_2,\cdots,\beta_l),\sum_{k=1}^{l}\beta_k=1$ 对证据加权，得到证据加权后的新 mass 函数，即

$$m_k^{\beta_k}(A_i)=\beta_k m_k(A_i)=\beta_k\frac{s_{ki}}{\sum_{i=1}^{m}s_{ki}} \tag{3.37}$$

专家权重的调整方法可采用基于方案和指标度量信息融合的专家权重调整方法。

Step4，运用基于证据加权的合成法则进行信息融合，得到合成后辨识框架内各子集的信度函数，即

$$\text{bel}(A_i)=(m_1^{\beta_1}\oplus m_2^{\beta_2}\oplus\cdots\oplus m_l^{\beta_l})(A_i),\quad i=1,2,\cdots,m \tag{3.38}$$

Step5，按照信度函数最大化原则确定方案的最终排序。

2. 算例分析

算例 3.7 使用算例 2.4 中的数据，按照上述方法，计算各方案综合评价值，获得方案排序。

Step1，基于灰色关联多属性决策方法获得各专家方案排序向量，方案矩阵为

$$S=\begin{bmatrix}0.9455 & 0.7431 & 0.6716 & 0.6239\\ 0.6703 & 0.8212 & 0.8524 & 0.7743\\ 0.9159 & 0.7530 & 0.7324 & 0.6735\\ 1.0000 & 0.7707 & 0.7531 & 0.6668\end{bmatrix}$$

Step2，按式(3.36)构建 mass 函数，计算各证据(专家)下方案的基本概率分配情况，即

$$M=\begin{bmatrix}0.3168 & 0.2490 & 0.2251 & 0.2091\\ 0.2150 & 0.2634 & 0.2734 & 0.2483\\ 0.2979 & 0.2449 & 0.2382 & 0.2190\\ 0.3134 & 0.2416 & 0.2360 & 0.2090\end{bmatrix}$$

Step3，按式(3.37)对证据加权，获得加权后各证据(专家)下方案的基本概率分配情况，即

$$M^B=\begin{bmatrix}0.1035 & 0.0813 & 0.0735 & 0.0683\\ 0.0388 & 0.0475 & 0.0493 & 0.0448\\ 0.0984 & 0.0809 & 0.0787 & 0.0723\\ 0.0509 & 0.0393 & 0.0384 & 0.0340\end{bmatrix}$$

Step4，按式(3.38)对加权后的证据进行合成，即

$$\mathrm{bel}(A_1) = (m_1^{\beta_1} \oplus m_2^{\beta_2} \oplus \cdots \oplus m_l^{\beta_l})(A_1) = 0.1826$$
$$\mathrm{bel}(A_2) = (m_1^{\beta_1} \oplus m_2^{\beta_2} \oplus \cdots \oplus m_l^{\beta_l})(A_2) = 0.1520$$
$$\mathrm{bel}(A_3) = (m_1^{\beta_1} \oplus m_2^{\beta_2} \oplus \cdots \oplus m_l^{\beta_l})(A_3) = 0.1454$$
$$\mathrm{bel}(A_4) = (m_1^{\beta_1} \oplus m_2^{\beta_2} \oplus \cdots \oplus m_l^{\beta_l})(A_4) = 0.1318$$

Step5，按照信度函数最大化原则确定方案的最终排序为 $A_1 \succ A_2 \succ A_3 \succ A_4$。

3.4.4 算例结果分析

由算例 3.6 和 3.7 分别对过程集结方式和结果集结方式的基于证据理论的多属性群决策方法进行验证。这两种方法得到的方案排序结果，以及第 2 章中基于灰色关联分析的多属性群决策方法的方安排序结果都一致。这表明，针对同样的问题背景，在同样的数据条件下，本书从不同角度，用不同方法得到的方案排序结果是一致的，这在一定程度上说明了所提方法的合理性。

若以基于灰色关联多属性决策方法获得的各专家方案排序向量 $S^1, S^2, \cdots, S^l$ 代表专家个体意见，由各种方法获得的最终方案排序向量 S^q 为群体意见，采用 2.5 节中的相对熵模型，分别求 S^q 与 $S^1, S^2, \cdots, S^l$ 的相对熵，如表 3.5 所示。其中，方法一、二、三分别对应过程集结方式和结果集结方式下的基于证据理论的多属性群决策方法，以及第 2 章中的基于灰色关联分析的多属性群决策方法。方法一′对应方法一中不进行 Step4 和 Step5 的处理，即由获得的群决策矩阵，直接按 Step3 构建 mass 函数进行证据合成，得到方案排序向量。

表 3.5　各种方法的方案排序向量与专家个体方案排序向量的相对熵

方法	$h(S^q, S^1)$	$h(S^q, S^2)$	$h(S^q, S^3)$	$h(S^q, S^4)$	$\sum_{k=1}^{l} h(S^q, S^k)$
方法一′	0.0003	0.0248	0.0005	0.0004	0.026
方法一	0.0011	0.0195	0.0002	0.0010	0.0218
方法二	0.0010	0.0195	0.0001	0.0006	0.0211
方法三	0.0014	0.0189	0.0007	0.0017	0.0227

由表 3.5 可见，方法一、二、三的方案排序向量与专家个体排序向量的综合相对熵都较低，表明这些方法获得的群体意见与专家个体意见的符合程度都较高；方法一′的结果与这三个方法有较明显的差异，表明在单决策矩阵下，采用本书提出的基于灰色关联的指标证据权重确定方法为证据加权是有效的。此外，所有方法获得的方案排序向量与专家 2 的个体方案排序向量的符合程度相比其他专家的都是最低的，这符合实际情况。因为从算例 3.7 中的方案矩阵 S 可见，专家 1、3、4

的个体方案排序结果都是 $A_1 \succ A_2 \succ A_3 \succ A_4$，只有专家 2 的方案排序结果是 $A_3 \succ A_2 \succ A_4 \succ A_1$，说明专家 2 的评价意见与群体意见偏离度较大，按照群决策中的“少数服从多数原则”，计算出的最终的方案排序向量应该与专家 2 的符合程度最低。这些都在一定程度上反映了本书提出的方法的合理性。

3.5 本 章 小 结

本章从信息融合角度，对基于 D-S 证据理论的多属性群决策方法展开研究，主要的研究工作及成果如下。

① 研究基于 D-S 证据理论的专家权重调整方法，提出基于方案评价信息和基于指标评价信息的专家权重调整方法，以及基于多角度信息融合的专家权重调整方法。这些方法分别从构成专家个体决策矩阵的方案和指标角度，利用距离度量和灰色关联度度量专家个体意见与群体意见的偏离度，使用 D-S 证据合成法则对从不同角度、用不同方法获得的偏离度信息进行融合，从而获得相应的专家权重。在同样的数据条件下，按照第 2 章中提出的群决策矩阵满意度分析方法，对所提的各种专家权重调整方法进行算例分析。结果表明，各种基于 D-S 证据理论的专家权重调整方法较第 2 章中的方法，可以获得更高的群决策矩阵满意度；从群决策矩阵满意度角度看，用构成决策矩阵的方案或指标评价信息分析专家意见偏离度比直接用整个决策矩阵的评价信息进行偏离度分析要更合适一些；相对只利用方案、指标评价信息，或者只使用距离和灰色关联度度量信息，基于方案和指标度量信息融合，以及基于距离和灰色关联度度量信息融合的专家权重调整方法，可以获得相对较高的群决策矩阵满意度。

② 基于上述研究成果，分别构建过程集结方式和结果集结方式的基于证据理论的多属性群决策方法，并通过算例分析验证所提方法的有效性。

第 4 章　基于群体层次分析法的指标权重求解

指标权重的求解是多属性决策中的一个关键步骤。其确定的是否合理直接影响决策结果的客观合理性。由于在指标权重确定的过程通常需要人的经验或知识，因此需要以定性与定量结合的方式处理各种决策因素。AHP 可以利用较少的定量信息将决策的思维过程数学化，具有系统、灵活、简洁的优点，在多属性决策中的指标权重求解方面得到广泛应用。同时，越来越多的决策问题需要专家群体共同完成，于是基于群体 AHP 的指标权重求解的研究一直受到国内外学者的广泛重视。

与决策矩阵相比，AHP 中的判断矩阵具有一些不同的特点。第 2、3 章中对专家个体决策矩阵的一些处理方法不能直接用于专家判断矩阵的集结过程，因此本章针对判断矩阵的特点，对基于群体 AHP 的指标权重求解问题展开研究。

4.1　层次分析法

AHP 是根据研究对象的性质将要求达到的目标分解为多个组成因素，并按因素间的隶属关系，将其层次化形成递阶层次结构，通过两两比较的方式确定层次中诸因素的相对重要性。其主要步骤如下[6,52-54]。

Step1，建立问题的层次结构模型。

建立问题的层次结构模型，就是建立分层指标体系。我们把复杂问题分解称为多个元素(指标)，并按实际元素之间的关系将这些元素分为若干组，形成不同的层次，一般包括最高层(目标层)、中间层(准则层)、最底层(方案层)。同一层次的元素对其下一层次的某元素起支配作用，同时又受上一层次元素的支配。这种从上至下的支配关系形成一个递阶层次结构。一般目标层只有一个元素，用来表示评价目标，即问题的预定目标或理想结果等。准则层可以有多层。层次结构中的层次数与问题的复杂程度及需要分析的详尽程度有关，一般层次数不受限制，但每一层次中各元素支配的元素数一般不超过 9 个。

Step2，构造两两比较判断矩阵。

将每一层次指标两两进行比较，对它们的相对重要性给出判断。这些判断可以用数值表示出来，写成矩阵的形式就是判断矩阵。判断矩阵表示对上一层次某指标而言，本层次与之有关的各指标的相对重要性，即

$$A=\begin{bmatrix} a_{11} & a_{12} & \cdots & a_{1n} \\ a_{21} & a_{22} & \cdots & a_{2n} \\ \vdots & \vdots & & \vdots \\ a_{n1} & a_{n2} & \cdots & a_{nn} \end{bmatrix} \tag{4.1}$$

其中，a_{ij}，$i,j=1,2,\cdots,n$ 为 C_i 指标相对 C_j 指标的相对权重；n 为矩阵维数，即指标个数。

判断矩阵可以引用数字 1～9 及其倒数作为标度来定义。互反判断矩阵的 1～9 标度含义如表 4.1 所示。选择 1～9 之间的整数及其倒数作为量化标准的主要原因是它符合人们进行判断的心理习惯，许多实验心理学研究表明，普通人在对一组事物的某种属性同时做比较，并使判断保持满意的一致性时，所能正确辨别属性的等级或事物的个数一般在 5～9 之间。1～9 标度作为定性等级的量化，基本获得社会的认同，得到广泛的应用。

表 4.1　互反判断矩阵的 1～9 标度含义

标度	定义	含义
1	同样重要	两个指标相比，同等重要
3	稍微重要	两个指标相比，一个指标比另一个指标稍微重要
5	明显重要	两个指标相比，一个指标比另一个指标明显重要
7	强烈重要	两个指标相比，一个指标比另一个指标强烈重要
9	极端重要	两个指标相比，一个指标比另一个指标极端重要
2,4,6,8	中间值	上述判断的中间值
倒数	—	指标 a_i 对指标 a_j 的标度为 a_{ij}，则 $a_{ji}=\dfrac{1}{a_{ij}}$

显然，判断矩阵应满足如下性质，即 $a_{ij}>0$、$a_{ji}=\dfrac{1}{a_{ij}}$、$a_{ii}=1$。因此，称判断矩阵 A 为正互反判断矩阵，简称互反判断矩阵。若判断矩阵 A 的所有元素满足 $a_{ij}=\dfrac{a_{ik}}{a_{jk}}$，则称该判断矩阵的元素具有传递性，$A$ 是一致性矩阵。

Step3，层次单排序。

层次单排序指根据判断矩阵计算对上一层指标而言，本层次的指标相对重要性次序的权值。在精度要求不高的情况下，计算权重的方法可以用和法、根法、幂法、特征向量法等。我们采用根法，即通过求解判断矩阵的特征向量及最大特征根确定各个准则层相对总目标的重要性权重排序。其过程如下。

① 计算判断矩阵 A 的每一行元素的乘积，即

$$M_i = \prod_{j=1}^{n} a_{ij}, \quad i = 1,2,\cdots,n \tag{4.2}$$

② 计算 M_i 的 n 次方根，即

$$\bar{M}_i = (M_i)^{\frac{1}{n}}, \quad i = 1,2,\cdots,n \tag{4.3}$$

③ 对 $\bar{M}_i$ 进行归一化处理，即

$$\omega_i = \frac{\bar{M}_i}{\sum_{i=1}^{n} \bar{M}_i} \tag{4.4}$$

则所求权向量 $W = \left[\omega_1, \omega_2, \cdots, \omega_n\right]^{\mathrm{T}}$。

④ 计算判断矩阵的最大特征根，即

$$\lambda_{\max} = \sum_{i=1}^{n} \frac{(AW)_i}{n\omega_i} \tag{4.5}$$

其中，$(AW)_i$ 为矩阵 AW 的第 i 个向量。

⑤ 一致性检验。

由于客观世界的复杂性与人的认识的多样性，并不要求判断矩阵具有一致性，但要求有大体上的一致性。一致性检验可由下式得出，即

$$\mathrm{CR} = \frac{\mathrm{CI}}{\mathrm{RI}} \tag{4.6}$$

其中，$\mathrm{CI} = \frac{\lambda_{\max} - n}{n-1}$ 为一致性指标；RI 称为平均随机一致性指标，是取随机给出的若干个正互反判断矩阵的 CI 的平均值。

对 1～9 阶判断矩阵，平均随机一致性指标 RI 值如表 4.2 所示。

表 4.2　平均随机一致性指标 RI

阶数	1	2	3	4	5	6	7	8	9
RI	0	0	0.52	0.89	1.12	1.26	1.36	1.41	1.46

当 $\mathrm{CR} < 0.1$ 时，我们认为具有满意的一致性，说明权重分配是合理的；否则，调整判断矩阵，直到取到满意的一致性。

⑥ 不满足一致性的调整方法[88]。

完全一致性矩阵特有的性质是任何一列归一化后得到的向量均可作为它的排序向量。因此，可将判断矩阵 A 的各列归一化后构造一个一致性矩阵，再进行不

一致性调整，具体步骤如下。

① 计算矩阵 $C=[c_{ij}]_{n\times n}$，即

$$c_{ij}=\frac{\overline{a}_{ij}}{\eta_i}i,\quad j=1,2,\cdots,n \tag{4.7}$$

其中，$\overline{a}_{ij}=\dfrac{a_{ij}}{\sum\limits_{i=1}^{n}a_{ij}}$；$\eta_i=\dfrac{1}{n}\sum\limits_{j=1}^{n}\overline{a}_{ij}$。

通过理论推导可证明，$c_{ij}=1$是判断矩阵 A 为完全一致性矩阵的充要条件。

② 令 $k=i,l=j$，找出使$\left|c_{ij}-1\right|$最大的 i 和 j。

③ 调整判断矩阵 A 中的 a_{kl}。

若 $c_{kl}>1$，则

$$a_{kl}=\begin{cases}a_{kl}-\sqrt{\left|c_{kl}-1\right|}, & a_{kl}>1\\ 1\Big/\left(1/a_{kl}+\sqrt{\left|c_{kl}-1\right|}\right), & a_{kl}\leqslant 1\end{cases} \tag{4.8}$$

若 $c_{kl}<1$，则

$$a_{kl}=\begin{cases}a_{kl}+\sqrt{\left|c_{kl}-1\right|}, & a_{kl}>1\\ 1\Big/\left(1/a_{kl}-\sqrt{\left|c_{kl}-1\right|}\right), & a_{kl}\leqslant 1\end{cases} \tag{4.9}$$

④ 令 $a_{lk}=\dfrac{1}{a_{kl}}$。

⑤ 按式(4.6)的方法对调整后的判断矩阵进行一致性检验，若满足一致性要求，即 $\mathrm{CR}<0.1$，则将调整后的判断矩阵代入 Step4；否则，重复执行①～④。

Step4，层次总排序。

利用同一层次中所有层次单排序的结果，就可以计算层次总排序了。层次总排序主要指针对决策目标的权重排序。

设某一层次(M 层)有 m 个元素，这些元素的层次总排序权重分别为 $\omega_1^M,\omega_2^M,\cdots,\omega_m^M$，其下层($N$ 层)有 n 个元素。其关于 M_j 的层次单排序权重分别为 $b_{1j},b_{2j},\cdots,b_{nj}$(当 N_i 与 M_j 没有联系时，$b_{ij}=0$)，则 N 层中的各元素关于决策目标的权重，即 N 层各元素的层次总排序权重 $\omega_1^N,\omega_2^N,\cdots,\omega_n^N$ 为

$$\omega_i^N=\sum_{j=1}^{m}b_{ij}\omega_j^M,\quad i=1,2,\cdots,n \tag{4.10}$$

层次总排序的计算是从上到下逐层顺序进行的，最底层的层次总排序，就是各决策方案的评价排序。

4.2　群体层次分析法中的信息集结问题

从上述 AHP 的基本原理不难看出，层次结构模型的搭建、判断矩阵的输入都是决策者的主观判断，判断矩阵本身是将定性问题定量化的结果。这往往会因为决策者考虑不周或知识结构、经验不足等，造成一定的误差。实际上，为了获得更客观准确的指标权重，常常采用群体 AHP，即对同一个准则有若干名专家给出各自的判断矩阵，再通过某种集结方法得到单一的群体偏好。因此，专家意见的集结是群体 AHP 的一个关键问题。

群体 AHP 中信息集结的方式包括一般过程集结和结果集结。前者需要对专家个体判断矩阵进行集结，后者需要对专家个体判断矩阵的排序向量进行集结。由于两种集结方式下需要集结的信息不同，因此也面临着不同的研究问题。

4.2.1　对判断矩阵的集结问题

设参与决策的专家集为 $E=\{e_1,e_2,\cdots,e_l\}$，第 k 位专家给出的判断矩阵为

$$A^k=\begin{bmatrix} a_{11}^k & a_{12}^k & \cdots & a_{1n}^k \\ a_{21}^k & a_{22}^k & \cdots & a_{2n}^k \\ \vdots & \vdots & & \vdots \\ a_{n1}^k & a_{n2}^k & \cdots & a_{nn}^k \end{bmatrix}$$

对各专家的判断矩阵进行集结，得到的群体判断矩阵为

$$\overline{A}=\begin{bmatrix} \overline{a}_{11} & \overline{a}_{12} & \cdots & \overline{a}_{1n} \\ \overline{a}_{21} & \overline{a}_{22} & \cdots & \overline{a}_{2n} \\ \vdots & \vdots & & \vdots \\ \overline{a}_{n1} & \overline{a}_{n2} & \cdots & \overline{a}_{nn} \end{bmatrix}$$

由于专家的评判意见不可能完全一致，因此为了获得专家群体相对满意度较高的群体意见，即群判断矩阵。我们此时需要分析专家个体判断矩阵与群判断矩阵的偏离性，并以此调整专家权重，使个别偏离性较大的专家意见在进行专家意见集结时发挥较小的作用，从而使集结的群判断矩阵能反映大多数专家的意见。这里针对的专家意见形式是判断矩阵，判断矩阵与决策矩阵具有一些不同特点，在将专家个体判断矩阵集结成群体判断矩阵时，既要考虑专家的个体意见，又要保持 AHP 中判断矩阵的一般特性，因此需要考虑三个关键问题，即判断矩阵的一致性检验、判断矩阵的相容性检验、群判断矩阵的一致性。

1. 判断矩阵的一致性检验

AHP 中的判断矩阵需要满足一致性要求，但由于客观世界的复杂性与人的认识的多样性，专家给出的判断矩阵一般不能完全达到一致性要求，不同专家个体判断矩阵的一致性程度往往有所差异。这种差异可以反映专家思维的一致性水平，而专家思维的一致性水平在某种程度上也反映专家的评判水平。按照以往多属性群决策问题的经验，专家的评判水平越高，其个体评价意见对群体意见发挥的作用越大，因此为了获得客观合理的群体评价意见，需要进行判断矩阵的一致性检验，并将检验结果以合理的方式融入专家权重的调整中。

2. 判断矩阵的相容性检验

在群体 AHP 中，由于主客观因素的影响，一般专家的判断意见会存在一些差异。若这个差异性很大，则势必影响集结结果的合理性，因此在对判断矩阵进行集结前，应先进行判断矩阵的相容性检验，即检验两个判断矩阵的差异是否在可接受的程度内。判断矩阵的相容性检验与第 2、3 章中提到的决策矩阵偏离度分析都是衡量矩阵间的差异，但它们在本质上还是有区别的，决策矩阵的差异只需考虑矩阵中各指标值上的差距，而判断矩阵中各指标值会受指标标度的影响[34]。因此，衡量两个判断矩阵的差异时，不仅需要考虑元素间的绝对差异，还需要考虑元素间的相对差异。例如，1/3 与1/9 的绝对差异要小于 3 和 5 之间的绝对差异，但在 AHP 的 1～9 标度下，针对同一元素，显然后者的判断差异更小。对决策矩阵差异度量效果较好的方法，并不一定适用于衡量两个判断矩阵的差异程度，如何度量判断矩阵的相容性程度还需进一步研究。

此外，目前关于判断矩阵相容性检验结果的运用主要有两种方式：一是设定一个阈值或者称相容性指标，当某个专家的判断矩阵相容性检验结果不满足阈值或相容性指标要求时，直接剔除该专家判断矩阵；另一种是根据相容性检验结果调整专家权重，从而减小或限制相容性较差的专家个体判断矩阵对群判断矩阵的影响。两种方式比较起来，第一种方式对相容性较差的专家意见惩罚程度很大。在实际的决策问题中，参与决策的专家都是相关领域有丰富工作经验且声誉较高的专家。一般情况下，能请某个专家参与决策，表明对这个专家的知识结构、经验、评判水平等的主观评价结果或者说其主观权重都是达到要求的，而现实中也正是由于事物因素之间的关系、作用机理复杂或不清楚才需要专家群体来评价，因此不同专家在某个侧面有不同的意见也是正常的。同时，在第一种方式下，相容性指标的确定也是个难题，没有统一的标准。基于这些考虑，本书采用第二种方式，即基于判断矩阵的相容性检验来调整专家权重。

3. 群判断矩阵的一致性问题

群判断矩阵由若干专家个体判断矩阵集结而来，若采用的集结方法不能保证群体判断矩阵 $\overline{A}$ 具有满意一致性，则此时的一致性调整涉及多个专家的意见。这将是一个非常复杂的问题，仅用单个判断矩阵的一致性调整方法是解决不了问题的。因此，在进行判断矩阵集结时，采用的集结方法要能保证得到的群体判断矩阵达到满意一致性要求。

4.2.2　对判断矩阵排序向量的集结问题

在 AHP 中，设依据专家个体判断矩阵得到的个体指标权重向量为 $W^k = (\omega_1^k, \omega_2^k, \cdots, \omega_n^k), k = 1, 2, \cdots, l$。它称为判断矩阵排序向量，则在群体 AHP 中，关注的是如何将专家个体判断矩阵排序向量 $W^k = (\omega_1^k, \omega_2^k, \cdots, \omega_n^k)$ 集结成一致的，或者说所有专家相对满意的群体判断矩阵排序向量，记为 $W^q = (\omega_1^q, \omega_2^q, \cdots, \omega_n^q)$。

相比判断矩阵的集结，这里的集结对象不再是矩阵，而是向量，因此对判断矩阵排序向量集结的计算量相对较小。但是，由于判断矩阵排序向量并不是专家给出的直接评价意见，相对判断矩阵，它应该是一种间接意见，因此我们认为，对判断矩阵排序向量集结过程中的专家权重调整应该从判断矩阵角度来分析。另外，对群体判断矩阵排序向量，其所有的指标权重满足 $\sum_{j=1}^{n} \omega_j^q = 1$ 的要求，任何一个指标权重 ω_j^q 的变化都直接影响其他指标的权重大小，而指标权重对最终的决策结果有明显影响，因此在对专家个体判断矩阵排序向量进行集结时，不仅要关注群体判断矩阵排序向量中各指标权重的大小排序，也要关注各指标的权重。

4.3　群体层次分析法中的专家权重确定

对群体 AHP 的专家意见集结不管采取哪种方式，都要考虑专家的评判水平对群体偏好的影响，因此需要对专家赋予合适的权重，以保证结果的客观合理性。

由于判断矩阵具有不同于决策矩阵的特点，因此不能用第 2、3 章中的方法直接度量专家个体判断矩阵的偏离度，根据 4.2 节的分析，基于判断矩阵的专家权重确定可从两种角度考虑。一种是通过判断矩阵的一致性检验来调整；另一种是根据判断矩阵的相容性检验来调整。前者通过度量专家给出的判断矩阵的一致性程度反映该专家思维的一致性水平，后者通过度量专家个体判断矩阵与群体判断矩阵的相容度反映该专家意见在方案排序中的作用。本书从这两个角度展开研究，分别提出基于判断矩阵一致性检验和相容性检验的专家权重确定方法，以及基于一致性和相容性检验的综合专家权重确定方法，并给出群体 AHP 中专家权重的相对合理性分析方法，解决不同方法获得的专家权重的合理性对比问题。

4.3.1 基于判断矩阵一致性检验的专家权重确定方法

基于判断矩阵一致性检验的专家权重确定方法就是利用一致性检验的结果调整专家权重的方法。其思路主要是根据专家给出的判断矩阵的一致性程度为专家赋权，认为专家给出的判断矩阵的一致性程度越高，表明该专家思维的一致性水平越高，应赋予较大的权重；反之，则赋予较小的权重。

目前常用的方法是，首先构建与专家判断矩阵相应的完全一致判断矩阵，然后建立合适的判断矩阵与其相应的一致性矩阵的相似度或差异的度量模型。这个相似度或差异程度的度量值反映判断矩阵的一致性程度。差异(相似)程度越大，判断矩阵的一致性程度越低(高)。根据判断矩阵的特点，完全一致判断矩阵可按定义 4.1 构建。

定义 4.1 设由原始判断矩阵 A 使用 AHP 得到的排序向量为 $W=(\omega_1,\omega_2,\cdots,\omega_n)^{\mathrm{T}}$，则称 $B=[b_{ij}]_{n\times n}$，$b_{ij}=\dfrac{\omega_i}{\omega_j}$ 为判断矩阵 A 相应的完全一致判断矩阵，或者说判断矩阵 A 相应的一致性矩阵。

对矩阵间的差异或相似度度量，第 2、3 章从多种角度，利用不同方法进行尝试，获得了一些有意义的结论，但它们并不一定适用于判断矩阵的差异或相似度度量，因为判断矩阵受 1～9 标度的影响，度量判断矩阵的差异或相似度，不仅要考虑矩阵元素间的绝对差异，还要考虑相对差异。本章尝试从多种角度，采用多种方法度量判断矩阵的相似度，提出以下几种基于判断矩阵一致性检验的专家权重调整方法。

1. 基于距离度量的专家权重确定方法(方法一)

目前常用的矩阵偏差度量方法是距离或者绝对差值的度量方法。例如，用欧氏距离度量专家 k 给出的判断矩阵与其相应的一致性判断矩阵中元素的距离偏差 σ_k，即 $\sigma_k=\dfrac{1}{n}\sqrt{\sum\limits_{i,j=1}^{n}(a_{ij}^k-b_{ij}^k)^2}$，并以 σ_k 反映两个矩阵的差异程度。显然，差异程度越大，判断矩阵的一致性程度越低，越应赋予较小的专家权重。我们认为，这里可能有一些不确定或未知的因素影响一致性程度计算值的绝对大小，同时正互反判断矩阵受到 1～9 标度的影响，在考虑两个判断矩阵的差异时也不能仅考虑值的绝对差异。因此，基于判断矩阵的一致性程度来调整专家权重，其关键是要得到各专家判断矩阵一致性程度的相对大小，而不是一致性程度值的绝对大小。

灰色关联可以量化分析事物间不确定关联的程度，根据关联度的大小确定比较序列之间相对参考序列的排序，其关注的不是关联度本身的大小，而是各比较序列与参考序列关联度的相对大小。因此，我们考虑首先用欧氏距离度量专家个体判断矩阵与其相应的完全一致判断矩阵的差异程度，然后针对这些差异信息用灰色关联分析得到各专家判断矩阵一致性程度的相对大小，从而为专家赋权。

具体方法如下。

Step1，对每位专家的判断矩阵 A^k 利用 AHP 得到排序向量 $W^k=(\omega_1^k,\omega_2^k,\cdots,\omega_n^k)$。

Step2，构造各专家判断矩阵的完全一致判断矩阵 $B^k=[b_{ij}^k]_{n\times n}$，即

$$b_{ij}^k=\frac{\omega_i^k}{\omega_j^k} \tag{4.11}$$

Step3，计算各专家判断矩阵 A^k 与其相应的一致性判断矩阵 B^k 的每行的差距 σ_i^k，即

$$\sigma_i^k=\sqrt{\sum_{j=1}^n(a_{ij}^k-b_{ij}^k)^2},\quad i=1,2,\cdots,n \tag{4.12}$$

Step4，计算各专家相对意义上的每行差距 $\bar{\sigma}_i^k$，即

$$\bar{\sigma}_i^k=\frac{\sigma_i^k}{\sum\limits_{k=1}^l\sigma_i^k} \tag{4.13}$$

Step5，构造比较序列 $X_k=\{\bar{\sigma}_1^k,\bar{\sigma}_2^k,\cdots,\bar{\sigma}_n^k\},\quad k=1,2,\cdots,l$，以及参考序列 $X_0-\{\bar{\sigma}_1^+,\bar{\sigma}_2^+,\cdots,\bar{\sigma}_n^+\}$，其中 $\bar{\sigma}_i^+=\max\limits_k\{\bar{\sigma}_i^k\}$。

Step6，利用灰色综合关联度模型，计算关联度 $\gamma(X_0,X_k)$。$\gamma(X_0,X_k)$ 越大，表明该专家判断矩阵偏离其相应完全一致判断矩阵的程度越大，则该专家权重应越小。

Step7，根据计算得到的关联度，调整专家权重，即

$$\beta_k^d=\frac{1-\gamma(X_0,X_k)}{\sum\limits_{k=1}^l(1-\gamma(X_0,X_k))},\quad k=1,2,\cdots,l \tag{4.14}$$

算例 4.1 设建立的两层常规导弹作战能力评估指标体系如图 4.1 所示。有四位专家参与决策，以第二层的指标为例，相对评价目标即导弹作战能力，给出的第二层指标的判断矩阵分别为

$$A^1=\begin{bmatrix}1&1/5&1/7&1/5&1/7&3\\5&1&1/5&1/3&1/5&5\\7&5&1&3&1/3&5\\5&3&1/3&1&1/5&5\\7&5&3&5&1&9\\1/3&1/5&1/5&1/5&1/9&1\end{bmatrix},\quad A^2=\begin{bmatrix}1&1/3&1/3&1&1/7&1/9\\3&1&1&1&1/5&1/7\\3&1&1&1&1/5&1/7\\1&1&1&1&1/3&1/3\\7&5&5&3&1&1\\9&7&7&3&1&1\end{bmatrix}$$

$$A^3=\begin{bmatrix}1&1/5&1/7&1/9&1&1/3\\5&1&1/3&1/3&5&7\\7&3&1&1&5&7\\9&3&1&1&5&9\\1&1/5&1/5&1/5&1&3\\3&1/7&1/7&1/9&1/3&1\end{bmatrix},\quad A^4=\begin{bmatrix}1&3&1/7&1/3&1&5\\1/3&1&1/5&1/5&1/3&1/7\\7&5&1&1/3&1/5&1/3\\3&5&3&1&1/3&1/3\\1&3&5&3&1&1\\5&7&3&3&1&1\end{bmatrix}$$

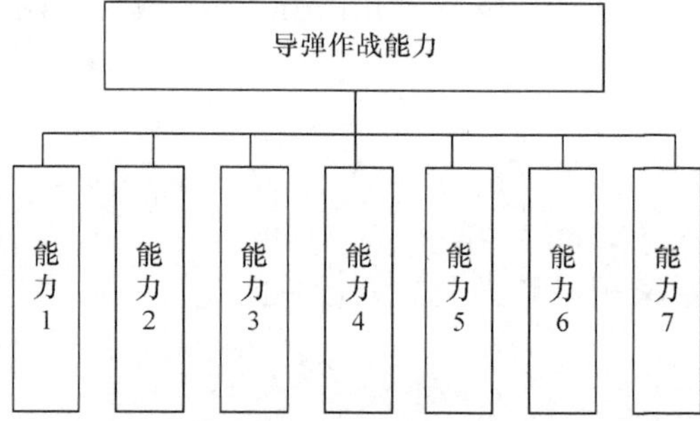

图 4.1　两层导弹武器系统作战能力指标体系

Step1，按 AHP(不做 AHP 的 Step3 中的一致性调整)得到的各专家判断矩阵的排序向量为

$$W^1=(0.0398,0.0902,0.2563,0.1417,0.4440,0.0280)$$

$$W^2=(0.0408,0.0779,0.0779,0.0814,0.3333,0.3888)$$

$$W^3=(0.0350,0.1796,0.3291,0.3578,0.0588,0.0397)$$

$$W^4=(0.1182,0.0366,0.1199,0.1635,0.2358,0.3261)$$

Step2，构造各专家判断矩阵相应的完全一致判断矩阵为

$$B^1=\begin{bmatrix}1&0.4410&0.1553&0.2808&0.0896&1.4221\\2.2678&1&0.3521&0.6368&0.2033&3.2250\\6.4411&2.8404&1&1.8086&0.5773&9.1599\\3.5613&1.5704&0.5529&1&0.3192&5.0646\\11.1564&4.9196&1.7321&3.1327&1&15.8657\\0.7032&0.3101&0.1092&0.1974&0.0630&1\end{bmatrix}$$

$$B^2 = \begin{bmatrix} 1 & 0.5234 & 0.5234 & 0.5013 & 0.1224 & 0.1049 \\ 1.9104 & 1 & 1 & 0.9577 & 0.2338 & 0.2004 \\ 1.9104 & 1 & 1 & 0.9577 & 0.2338 & 0.2004 \\ 1.9947 & 1.0441 & 1.0441 & 1 & 0.2441 & 0.2093 \\ 8.1713 & 4.2772 & 4.2772 & 4.0965 & 1 & 0.8572 \\ 9.5321 & 4.9896 & 4.9896 & 4.7788 & 1.1665 & 1 \end{bmatrix}$$

$$B^3 = \begin{bmatrix} 1 & 0.1947 & 0.1063 & 0.0977 & 0.5944 & 0.8807 \\ 5.1367 & 1 & 0.5458 & 0.5020 & 3.0532 & 4.5237 \\ 9.4105 & 1.8320 & 1 & 0.9196 & 5.5934 & 8.2875 \\ 10.2328 & 1.9921 & 1.0874 & 1 & 6.0822 & 9.0117 \\ 1.6824 & 0.3275 & 0.1788 & 0.1644 & 1 & 1.4817 \\ 1.1355 & 0.2211 & 0.1207 & 0.1110 & 0.6749 & 1 \end{bmatrix}$$

$$B^4 = \begin{bmatrix} 1 & 3.2250 & 0.9860 & 0.7231 & 0.5013 & 0.3625 \\ 0.3101 & 1 & 0.3057 & 0.2242 & 0.1555 & 0.1124 \\ 1.0142 & 3.2709 & 1 & 0.7334 & 0.5085 & 0.3676 \\ 1.3830 & 4.4602 & 1.3636 & 1 & 0.6933 & 0.5013 \\ 1.9947 & 6.4329 & 1.9667 & 1.4423 & 1 & 0.7230 \\ 2.7588 & 8.8973 & 2.7201 & 1.9948 & 1.3831 & 1 \end{bmatrix}$$

经过 Step3～Step5，构造的参考比较序列为

$$X_0 = \{0.6257, 0.4230, 0.4099, 0.3249, 0.4944, 0.3848\}$$
$$X_1 = \{0.2102, 0.4230, 0.3196, 0.2772, 0.4944, 0.0452\}$$
$$X_2 = \{0.0745, 0.1411, 0.0716, 0.1367, 0.1131, 0.3848\}$$
$$X_3 = \{0.0897, 0.4086, 0.1988, 0.2613, 0.0090, 0.2147\}$$
$$X_4 = \{0.6257, 0.0273, 0.4099, 0.3249, 0.2934, 0.3553\}$$

Step6，基于灰色综合关联度模型，计算得到的关联度为 $\gamma(X_0, X_1) = 0.7277$, $\gamma(X_0, X_2) = 0.5834, \gamma(X_0, X_3) = 0.5893, \gamma(X_0, X_4) = 0.7516$。

Step7，按式(4.14)计算专家权重为 $\beta_1^d = 0.202, \beta_2^d = 0.3091, \beta_3^d = 0.3047$, $\beta_4^d = 0.1843$。

上述方法是用距离测度来度量判断矩阵中行向量的偏差，只是经过 Step4 处理后，关注的是各专家判断矩阵行向量相对意义上的偏差，而 Step6 则利用灰色关联度模型从整体上衡量各专家判断矩阵相对意义上的一致性程度。

2. 基于相对距离度量的专家权重调整方法(方法二)

相关文献[34]的研究认为，欧氏距离度量只考虑元素间的绝对差异，没有关

注相对差异。例如，设要度量判断矩阵[2,1/3]与[3,1/9]，[2,3]与[3,5]的差异程度，为方便比较，判断矩阵中都只给出一行。根据人类的思维特点，不难判断[2,1/3]与[3,1/9]的差异程度要大于[2,3]与[3,5]的差异程度，但若按距离度量它们的差异程度，也就是利用式(4.12)计算后的结果分别为 1.0244 和 2.2361，即[2,1/3]与[3,1/9]的差异程度要小一些，这与人类主观判断不相符。这里考虑用相对距离计算各专家判断矩阵 A^k 与其相应的一致性判断矩阵 B^k 的每行的差距 ξ_i^k ，即

$$\xi_i^k = \frac{\sum_{j=1}^{n}\left|a_{ij}^k - b_{ij}^k\right|}{\sum_{j=1}^{n} b_{ij}^k} \tag{4.15}$$

按式(4.15)计算得到的[2,1/3]、[3,1/9]和[2,3]、[3,5]的相对距离分别为 0.3929 和 0.375，即[2,1/3]、[3,1/9]的差异程度要大于[2,3]、[3,5]的差异程度，与人类思维判断一致。

基于相对距离的专家权重调整方法主要步骤如下。

Step1，对每位专家的判断矩阵 A^k 利用 AHP 求得其排序向量 $W^k = (\omega_1^k, \omega_2^k, \cdots, \omega_n^k)$。

Step2，构造各专家判断矩阵的完全一致判断矩阵 $B^k = [b_{ij}^k]_{n\times n}$， $b_{ij}^k = \dfrac{\omega_i^k}{\omega_j^k}$。

Step3，按式(4.15)计算各专家判断矩阵 A^k 与其相应的一致性判断矩阵 B^k 的每行的差距 ξ_i^k。

Step4，计算各专家判断矩阵的相对距离差距 $\overline{\xi}_k$，即

$$\overline{\xi}_k = \frac{\sum_{i=1}^{n}\xi_i^k}{\sum_{k=1}^{l}\sum_{i=1}^{n}\xi_i^k} \tag{4.16}$$

Step5，调整专家权重，即

$$\beta_k^{xd} = \frac{1-\overline{\xi}_k}{\sum_{k=1}^{l}(1-\overline{\xi}_k)}, \quad k = 1,2,\cdots,l \tag{4.17}$$

算例 4.2 利用算例 4.1 中的数据，采用基于相对距离的专家权重调整方法，计算得到的各专家判断矩阵的相对距离差距 $\overline{\xi}_k$ 分别为

$$\overline{\xi}_1 = 0.2520, \quad \overline{\xi}_2 = 0.1440, \quad \overline{\xi}_3 = 0.2211, \quad \overline{\xi}_4 = 0.3830$$

专家权重计算结果为

$$\beta_1^{xd}=0.2493,\quad \beta_2^{xd}=0.2853,\quad \beta_3^{xd}=0.2596,\quad \beta_4^{xd}=0.2057$$

专家权重的排序与方法一一致。

3. 基于夹角余弦度量的专家权重调整方法(方法三)

夹角余弦度量是一种常用的度量向量间相似度的方法，在群体 AHP 中得到广泛的应用。它以向量之间夹角的余弦衡量向量间的匹配程度，若采用余弦相似性度量，可得[2,1/3]、[3,1/9]和[2,3]、[3,5]的余弦相似度分别为 0.9918 和 0.9988，即[2,3]、[3,5]的差异程度小一些，这与人类的主观判断相符。我们用夹角余弦度量替代方法一中的距离度量，可以得到如下专家权重调整方法。

Step1，对每位专家的判断矩阵 A^k 利用 AHP 求其排序向量 $W^k=\left(\omega_1^k,\omega_2^k,\cdots,\omega_n^k\right)$。

Step2，构造各专家的一致性判断矩阵 $B^k=[b_{ij}^k]_{n\times n}$，$b_{ij}^k=\dfrac{\omega_i^k}{\omega_j^k}$。

Step3，计算各专家判断矩阵 A^k 与其相应的一致性判断矩阵 B^k 每行的夹角余弦值，即

$$\alpha_i^k=\frac{\sum_{j=1}^{n}a_{ij}^k b_{ij}^k}{\sqrt{\sum_{j=1}^{n}\left(a_{ij}^k\right)^2}\sqrt{\sum_{j=1}^{n}\left(b_{ij}^k\right)^2}},\quad i=1,2,\cdots,n \tag{4.18}$$

Step4，计算各专家相对意义上的每行夹角余弦值，即

$$\bar{\alpha}_i^k=\frac{\alpha_i^k}{\sum_{k=1}^{l}\alpha_i^k} \tag{4.19}$$

Step5，调整专家权重，即

$$\beta_k^c=\frac{\sum_{i=1}^{n}\bar{\alpha}_i^k}{\sum_{k=1}^{l}\sum_{i=1}^{n}\bar{\alpha}_i^k},\quad k=1,2,\cdots,l \tag{4.20}$$

式(4.20)表明，专家的判断矩阵与其相应的完全判断矩阵的余弦相似度越高，则该专家的思维一致性水平越高，其相应的权重应越大。

算例 4.3　使用算例 4.1 中的数据，采用方法三调整专家权重。

通过 Step1～Step4 计算可得下式，即

$\overline{\alpha}_1^1=0.2785,\quad \overline{\alpha}_2^1=0.2490,\quad \overline{\alpha}_3^1=0.2491,\quad \overline{\alpha}_4^1=0.2520,\quad \overline{\alpha}_5^1=0.2671$

$\overline{\alpha}_6^1=0.2544,\quad \overline{\alpha}_1^2=0.2750,\quad \overline{\alpha}_2^2=0.2503,\quad \overline{\alpha}_3^2=0.2676,\quad \overline{\alpha}_4^2=0.2445$

$\overline{\alpha}_5^2=0.2762,\quad \overline{\alpha}_6^2=0.2586,\quad \overline{\alpha}_1^3=0.2652,\quad \overline{\alpha}_2^3=0.2490,\quad \overline{\alpha}_3^3=0.2705$

$\overline{\alpha}_4^3=0.2571,\quad \overline{\alpha}_5^3=0.2453,\quad \overline{\alpha}_6^3=0.2337,\quad \overline{\alpha}_1^4=0.1812,\quad \overline{\alpha}_2^4=0.2517$

$\overline{\alpha}_3^4=0.2127,\quad \overline{\alpha}_4^4=0.2465,\quad \overline{\alpha}_5^4=0.2114,\quad \overline{\alpha}_6^4=0.2533$

计算专家权重为 $\beta_1^c=0.2584, \beta_2^c=0.2620, \beta_3^c=0.2535, \beta_4^c=0.2261$。

此时专家权重的大小排序为 $\beta_2^c>\beta_1^c>\beta_3^c>\beta_4^c$，但专家 1、3 的权重系数排序与方法一和方法二相反。

4. 基于夹角余弦度量和灰色关联分析的专家权重调整方法(方法四)

综合方法一和方法三的思路，我们提出基于余弦夹角度量和灰色关联分析的专家权重调整方法，具体步骤如下。

Step1～Step4 同方法三。

Step5，构造比较序列 $X_k=\{\overline{\alpha}_1^k,\overline{\alpha}_2^k,\cdots,\overline{\alpha}_n^k\}, k=1,2,\cdots,l$，以及参考序列 $X_0=\{\overline{\alpha}_1^+,\overline{\alpha}_2^+,\cdots,\overline{\alpha}_n^+\}$，其中 $\overline{\alpha}_i^+=\max\limits_k\{\overline{\alpha}_i^k\}, i=1,2,\cdots,n$。

Step6，利用灰色综合关联度模型，计算关联度 $\gamma(X_0,X_k)$。

Step7，根据计算得到的关联度，调整专家权重，即

$$\beta_k^{cg}=\frac{\gamma(X_0,X_k)}{\sum\limits_{k=1}^{l}\gamma(X_0,X_k)},\quad k=1,2,\cdots,l \tag{4.21}$$

算例 4.4 使用算例 4.1 中的数据，采用方法四调整专家权重。

Step1～Step4 的计算结果同算例 4.3，经过 Step5，构造的参考比较序列为

$$X_0=\{0.2785,0.2517,0.2705,0.2571,0.2762,0.2586\}$$
$$X_1=\{0.2785,0.2490,0.2491,0.2520,0.2671,0.2544\}$$
$$X_2=\{0.2750,0.2503,0.2676,0.2445,0.2762,0.2586\}$$
$$X_3=\{0.2652,0.2490,0.2705,0.2571,0.2453,0.2337\}$$
$$X_4=\{0.1812,0.2517,0.2127,0.2465,0.2114,0.2533\}$$

Step6 计算的关联度结果为

$$\gamma(X_0,X_1)=0.9268,\quad \gamma(X_0,X_2)=0.9613$$
$$\gamma(X_0,X_3)=0.9005,\quad \gamma(X_0,X_4)=0.7302$$

Step7 计算的专家权重为

$$\beta_1^{cg}=0.2634,\quad \beta_2^{cg}=0.2732,\quad \beta_3^{cg}=0.2559,\quad \beta_4^{cg}=0.2075$$

从计算结果看，专家权重的大小排序与方法三一样。

5. 基于 D-S 证据理论的专家权重调整方法(方法五)

在判断矩阵的一致性检验中，我们可从不同角度衡量判断矩阵的一致性。例如，按判断矩阵的行和列度量判断矩阵一致性程度，按距离度量或夹角余弦相似度来度量判断矩阵一致性程度等。因此，为了获得更加客观合理的专家权重，借鉴第 3 章的方法，考虑基于 D-S 证据理论融合多个角度或多种方法的度量信息进行专家权重调整。针对上述几种方法，我们提出如下两种基于 D-S 证据理论的专家权重调整方法。

(1) 基于判断矩阵行与列的度量信息融合的专家权重调整方法

设 $\Theta=\{e_1,e_2,\cdots,e_l\}$ 为辨识框架，将按行、列得到的度量信息作为证据构建 mass 函数，再采用 D-S 合成法则进行证据融合，得到最终的专家权重。具体步骤如下。

Step1，对每位专家的判断矩阵 A^k 利用 AHP 求其排序向量 $W^k=(\omega_1^k,\omega_2^k,\cdots,\omega_n^k)$。

Step2，构造各专家的一致性判断矩阵 $B^k=[b_{ij}^k]_{n\times n}$，$b_{ij}^k=\dfrac{\omega_i^k}{\omega_j^k}$。

Step3，按式(4.18)和式(4.19)计算各专家相对意义上的每行夹角余弦值 $\overline{\alpha}_i^k$，按式(4.22)和式(4.23)计算各专家相对意义上的每列夹角余弦值 $\overline{\eta}_i^k$，即

$$\eta_j^k=\frac{\sum_{i=1}^{n}a_{ij}^k b_{ij}^k}{\sqrt{\sum_{i=1}^{n}\left(a_{ij}^k\right)^2}\sqrt{\sum_{i=1}^{n}\left(b_{ij}^k\right)^2}},\quad j=1,2,\cdots,n \tag{4.22}$$

$$\overline{\eta}_j^k=\frac{\eta_j^k}{\sum_{k=1}^{l}\eta_j^k} \tag{4.23}$$

Step3 分别按行、列计算各专家相对意义上的基于夹角余弦相似度的判断矩阵一致性程度，即

$$\overline{\alpha}_k=\frac{\sum_{i=1}^{n}\overline{\alpha}_i^k}{\sum_{k=1}^{l}\sum_{i=1}^{n}\overline{\alpha}_i^k},\quad k=1,2,\cdots,l \tag{4.24}$$

$$\overline{\eta}_k=\frac{\sum_{j=1}^{n}\overline{\eta}_j^k}{\sum_{k=1}^{l}\sum_{j=1}^{n}\overline{\eta}_j^k},\quad k=1,2,\cdots,l \tag{4.25}$$

$\overline{\alpha}_k$ 和 $\overline{\eta}_k$ 越大，表示该专家判断矩阵一致性程度越高。

Step4，根据前 3 步得到的 $\overline{\alpha}_k$ 和 $\overline{\eta}_k$，分别构建 mass 函数，即

$$m_{\text{hang}}(e_k)=\overline{\alpha}_k,\quad k=1,2,\cdots,l \tag{4.26}$$

$$m_{\text{lie}}(e_k)=\overline{\eta}_k,\quad k=1,2,\cdots,l \tag{4.27}$$

Step5，利用 D-S 合成法则，将 $m_{\text{hang}}(e_k)$ 和 $m_{\text{lie}}(e_k)$ 合成，得到专家权重，即

$$\beta_k^{hl}=(m_{\text{hang}}\oplus m_{\text{lie}})(e_k),\quad k=1,2,\cdots,l \tag{4.28}$$

算例 4.5 使用算例 4.1 中的数据，采用基于判断矩阵行与列的度量信息融合的专家权重调整方法，记为方法五(1)。

方法五(1)的专家权重计算结果如表 4.3 所示。

表 4.3 方法五(1)的专家权重计算结果

mass 函数	专家 e_1	专家 e_2	专家 e_3	专家 e_4
m_{hang}	0.2584	0.2620	0.2535	0.2261
m_{lie}	0.2553	0.2638	0.2615	0.2195
$m_{\text{hang}}\oplus m_{\text{lie}}$	0.2629	0.2755	0.2642	0.1978

由表 4.3 可见，专家权重的排序为 $\beta_2^{hl}>\beta_3^{hl}>\beta_1^{hl}>\beta_4^{hl}$，与方法一和方法二的专家权重排序相同；与方法三和方法四在专家 1、3 的权重排序不同。

(2) 基于距离和夹角余弦度量信息融合的专家权重调整方法

该方法的主要思想是，设 $\Theta=\{e_1,e_2,\cdots,e_l\}$ 为辨识框架，将按距离测度、夹角余弦测度得到的度量信息分别作为证据，构建 mass 函数，再采用 D-S 合成法则进行证据融合，得到最终的专家权重。其主要步骤如下。

Step1，按方法一和方法三分别计算各专家相对意义上的每行距离差距 $\overline{\sigma}_i^k$、每行夹角余弦值 $\overline{\alpha}_i^k$。

Step2，计算各专家相对意义上的基于距离度量的判断矩阵一致性程度，即

$$\overline{\sigma}_k=\frac{\sum\limits_{i=1}^{m}\overline{\sigma}_i^k}{\sum\limits_{k=1}^{l}\sum\limits_{i=1}^{m}\overline{\sigma}_i^k},\quad k=1,2,\cdots,l \tag{4.29}$$

其中，$\overline{\sigma}_k$ 越大，表示该专家判断矩阵的一致性程度越低。

Step3，按式(4.24)计算各专家相对意义上的基于夹角余弦相似度的判断矩阵一致性程度。

Step4，构建 mass 函数，即

$$m_{\sigma}(e_k)=\frac{1-\overline{\sigma}_k}{\sum_{k=1}^{l}(1-\overline{\sigma}_k)} \tag{4.30}$$

$$m_{\alpha}(e_k)=\overline{\alpha}_k \tag{4.31}$$

Step5，按式(4.32)调整专家权重，即

$$\beta_k=(m_{\sigma}\oplus m_{\alpha})(e_k),\quad k=1,2,\cdots,l \tag{4.32}$$

算例 4.6　使用算例 4.1 中的数据，采用基于距离和夹角余弦度量信息融合的专家权重调整方法，记为方法五(2)。

对算例 4.1 和算例 4.2 计算的 $\overline{\sigma}_i^k$ 和 $\overline{\alpha}_i^k$，按 Step2 和 Step3 计算，可得下式，即

$$\overline{\sigma}_1=0.2994,\quad \overline{\sigma}_2=0.1560,\quad \overline{\sigma}_3=0.2000,\quad \overline{\sigma}_4=0.3446$$

$$\overline{\alpha}_1=0.2584,\quad \overline{\alpha}_2=0.2620,\quad \overline{\alpha}_3=0.2535,\quad \overline{\alpha}_4=0.2261$$

经过 Step4 和 Step5，计算得到的专家权重如表 4.4 所示。

表 4.4　方法五(2)的专家权重计算结果

mass 函数	专家 e_1	专家 e_2	专家 e_3	专家 e_4
m_{σ}	0.2335	0.2813	0.2667	0.2185
m_{α}	0.2584	0.2620	0.2535	0.2261
$m_{\sigma}\oplus m_{\alpha}$	0.2403	0.2936	0.2693	0.1968

6. 基于判断矩阵最大特征根的专家权重调整(方法六)

在 AHP 中，当一致性比例 $\mathrm{CR}<0.1$ 时，一般认为判断矩阵满足一致性，由 $\mathrm{CR}=\dfrac{\lambda_{\max}-n}{(n-1)\mathrm{RI}}$ 可见，最大特征根 $\lambda_{\max}$ 的值越接近 n，相应判断矩阵的一致性程度越高。当判断矩阵为一致性判断矩阵时，有 $\lambda_{\max}=n$。因此，我们可以用各专家原始判断矩阵，即不做一致性调整处理的情况下，计算各专家判断矩阵的 $\lambda_{\max}^k, k=1,2,\cdots,l$，并根据其值的大小来调整专家权重。其值越小，相应的专家权重应越大。本书提出的基于判断矩阵最大特征根的专家权重调整方法为

$$\beta_k^{\lambda}=\frac{1-\lambda_{\max}^k\Big/\sum_{k=1}^{l}\lambda_{\max}^k}{\sum_{k=1}^{l}\left(1-\lambda_{\max}^k\Big/\sum_{k=1}^{l}\lambda_{\max}^k\right)} \tag{4.33}$$

算例 4.7　使用算例 4.1 中的数据，采用方法六调整专家权重。

利用 AHP，不做一致性调整的情况下，各专家判断矩阵的 $\lambda_{\max}^k$ 值依次为

6.6744、6.2607、6.4781 和 9.8474，根据式(4.33)计算得到的专家权重依次为

$$\beta_1^{\lambda}=0.2573,\quad \beta_2^{\lambda}=0.2620,\quad \beta_3^{\lambda}=0.2595,\quad \beta_4^{\lambda}=0.2212$$

4.3.2 基于判断矩阵相容性检验的专家权重确定方法

在群决策中，当专家意见分歧较大时，集结成的群体意见可信度不高，或者说不具有说服力。为了得到科学合理的群决策结果，避免分歧较大的专家意见的影响，一般需要检验专家偏好与群体偏好的分歧程度，然后据此调整专家权重，从而达到适当修改群体偏好的目的。在群决策 AHP 中，可以通过相容性检验判断专家意见的分歧程度。

目前，关于判断矩阵相容性检验的一般方法是将专家给出的判断矩阵进行两两距离度量，与设定的阈值(即相容性指标)相比，若大于阈值，则表明该判断矩阵的分歧程度大，对专家判断矩阵的集结有负面影响。这种方法的计算通常比较复杂，尤其是方案较多时，矩阵阶数也增大，计算量会大幅增加。因此，本书考虑对判断矩阵的相容性检验，首先确定一个能代表专家群体意见的综合判断矩阵(为了与最终获得的群体判断矩阵区分，称其为综合判断矩阵)，然后计算专家个体判断矩阵与综合判断矩阵的差异或相似度，根据差异或相似度衡量判断矩阵的相容性，这样可以减少计算量。我们将相容性的度量值称为判断矩阵的相容度。判断矩阵的相容度越高，表明该专家意见对群体意见的作用越大，因此该专家权重应该越大。在这种思路下，有两个关键问题需要解决：一是初始综合判断矩阵的确定，二是专家个体判断矩阵与综合判断矩阵的相似性或差异性度量。

对综合判断矩阵的构建必须考虑一致性要求，用线性加权的方式集结专家个体判断矩阵得到的综合判断矩阵往往不能满足一致性要求。文献[56]～[60]利用不同专家判断矩阵对应元素的几何平均法构造平均判断矩阵，并通过严密的数学推导证明该平均判断矩阵能保持一致性，因此我们采用几何平均法构造综合判断矩阵。具体的，设有 l 个专家的正互反判断矩阵，记为 $C^k=[c_{ij}^k]_{n\times n},k=1,2,\cdots,l$，并设其均满足一致性，则综合判断矩阵为 $\overline{C}=\left[\overline{c}_{ij}\right]_{n\times n}$，其中元素 $\overline{c}_{ij}$ 为

$$\overline{c}_{ij}=\left(\prod_{k=1}^{l}c_{ij}^k\right)^{\frac{1}{l}} \tag{4.34}$$

对专家个体判断矩阵与综合判断矩阵的相似性或差异性度量，4.3.1 节基于距离度量、夹角余弦度量提出若干种衡量判断矩阵间的差异程度或相似程度的方法。其中，方法三和方法四的专家权重排序都采用夹角余弦度量，方法六只适用于判断矩阵的一致性度量，所以这里采用方法一、二、三、五(1)和五(2)计算专家权重。

基于判断矩阵相容性检验的专家权重调整方法的步骤如下。

Step1，利用 4.1 节的判断矩阵一致性调整方法，得到各专家判断矩阵的满意一致性判断矩阵。

Step2，按式(4.34)集结专家判断矩阵，得到综合判断矩阵 $\overline{C}=\left[\overline{c}_{ij}\right]_{n\times n}$。

Step3，按照 4.3.1 节的 5 种基于判断矩阵一致性程度的专家权重调整方法，即方法一、二、三、五(1)和五(2)计算专家权重。这里用综合判断矩阵 $\overline{C}=\left[\overline{c}_{ij}\right]_{n\times n}$ 替代各专家判断矩阵相应的完全一致判断矩阵 $B^k=[b_{ij}^k]_{n\times n}, k=1,2,\cdots,l$。

算例 4.8　使用算例 4.1 中的数据，采用基于判断矩阵相容度检验的专家权重调整方法计算专家权重。

Step1，各专家判断矩阵经一致性调整后得到的满意一致性判断矩阵为

$$C^1=\begin{bmatrix} 1 & 0.2557 & 0.1429 & 0.2000 & 0.1429 & 1.7586 \\ 3.9110 & 1 & 0.2000 & 0.3333 & 0.2000 & 3.0000 \\ 7.0000 & 5.0000 & 1 & 3.0000 & 1.0000 & 5.0000 \\ 5.0000 & 3.0000 & 0.3333 & 1 & 0.2000 & 5.0000 \\ 7.0000 & 5.0000 & 3.0000 & 5.0000 & 1 & 9.0000 \\ 0.5686 & 0.2000 & 0.2000 & 0.2000 & 0.1111 & 1 \end{bmatrix}$$

$$C^2=\begin{bmatrix} 1 & 0.3333 & 0.3333 & 1.0000 & 0.1429 & 0.1111 \\ 3.0000 & 1 & 1.0000 & 1.0000 & 0.2000 & 0.1429 \\ 3.0000 & 1.0000 & 1 & 1.0000 & 0.2000 & 0.1429 \\ 1.0000 & 1.0000 & 1.0000 & 1 & 0.3333 & 0.3333 \\ 7.0000 & 5.0000 & 5.0000 & 3.0000 & 1 & 1.0000 \\ 9.0000 & 7.0000 & 7.0000 & 3.0000 & 1.0000 & 1 \end{bmatrix}$$

$$C^3=\begin{bmatrix} 1 & 0.2000 & 0.1429 & 0.1111 & 1.0000 & 0.3333 \\ 5.0000 & 1 & 0.3333 & 0.3333 & 5.0000 & 7.0000 \\ 7.0000 & 3.0000 & 1 & 1.0000 & 5.0000 & 7.0000 \\ 9.0000 & 3.0000 & 1.0000 & 1 & 5.0000 & 9.0000 \\ 1.0000 & 0.2000 & 0.2000 & 0.2000 & 1 & 3.0000 \\ 3.0000 & 0.1429 & 0.1429 & 0.1111 & 0.3333 & 1 \end{bmatrix}$$

$$C^4=\begin{bmatrix} 1 & 3.0000 & 1.7603 & 0.5002 & 1.0000 & 0.8012 \\ 0.3333 & 1 & 0.2000 & 0.2000 & 0.2478 & 0.1429 \\ 0.5681 & 5.0000 & 1 & 0.3333 & 0.2000 & 0.3333 \\ 1.9991 & 5.0000 & 3.0000 & 1 & 0.3333 & 0.3333 \\ 1.0000 & 4.0357 & 5.0000 & 3.0000 & 1 & 1.0000 \\ 1.2482 & 7.0000 & 3.0000 & 3.0000 & 1.0000 & 1 \end{bmatrix}$$

Step2，利用几何平均法，即按式(4.34)集结专家判断矩阵，得到的综合判断矩阵为

$$\bar{C}=\begin{bmatrix} 1 & 0.4755 & 0.3308 & 0.3247 & 0.3780 & 0.4779 \\ 2.1028 & 1 & 0.3398 & 0.3861 & 0.4718 & 0.8092 \\ 3.0230 & 2.9428 & 1 & 1.0000 & 0.6687 & 1.1363 \\ 3.0797 & 2.5900 & 1.0000 & 1 & 0.5773 & 1.4953 \\ 2.6458 & 2.1194 & 1.9680 & 1.7321 & 1 & 2.2795 \\ 2.0923 & 1.0878 & 0.8802 & 0.6687 & 0.4387 & 1 \end{bmatrix}$$

Step3，按 4.3.1 节的五种基于判断矩阵一致性程度的专家权重调整方法计算专家权重(表 4.5)。为方便描述，我们将五种方法对应记为方法 X 一，方法 X 二、方法 X 三、方法 X 四、方法 X 五。

表 4.5 基于判断矩阵相容性检验的专家权重调整方法计算结果

方法	专家 e_1	专家 e_2	专家 e_3	专家 e_4
方法 X 一	0.2902	0.2534	0.2056	0.2507
方法 X 二	0.2610	0.2498	0.2362	0.2530
方法 X 三	0.2641	0.2677	0.2409	0.2273
方法 X 四	0.2891	0.2516	0.2258	0.2335
方法 X 五	0.2687	0.2805	0.2227	0.2282

由表 4.5 可见，基于不同方法获得的专家权重排序不一致，其中方法 X 一和方法 X 四得到的都是 $\beta_1 > \beta_2 > \beta_4 > \beta_3$，方法 X 二得到的是 $\beta_1 > \beta_4 > \beta_2 > \beta_3$，方法 X 三得到的是 $\beta_2 > \beta_1 > \beta_3 > \beta_4$，方法 X 四得到的是 $\beta_2 > \beta_1 > \beta_4 > \beta_3$。

4.3.3 专家权重的相对合理性分析方法

从算例 4.1～4.8 可见，不论是基于一致性检验还是相容性检验，各种方法得到的专家权重不仅在值上有区别，在排序上也不一样。由于专家权重对判断矩阵的排序结果有直接影响，因此有必要对群体 AHP 中专家权重的相对合理性进行对比分析，从而选择相对合理的方法调整专家权重。

第 2、3 章提出多种通过计算专家个体决策矩阵与初始群决策矩阵的差异程度或相似度来调整专家权重的方法，对这些方法所得结果的合理性对比，主要是用相对熵模型检验专家个体决策矩阵与加权后的群决策矩阵的符合程度，即本书定义的决策矩阵满意度进行分析，但对判断矩阵，并不能用同样的方法。因为由 1～9 标度构造的互反判断矩阵与群判断矩阵越贴近，并不能完全说明该矩阵质量

越高，所以从值的接近与否或者符合程度的角度不能准确地说明各种方法的合理性。从相关研究看，并没有提出统一的检验标准或方法，对群体 AHP 中各种专家权重调整方法的效果或合理性的分析仍是个难题。

借鉴群决策矩阵满意度分析方法的思路，结合 AHP 中判断矩阵的特性要求，我们从对比专家权重调整后按大小排序的相似性角度对各种专家权重调整方法的合理性进行对比分析。

1. 基于 CR 值的专家权重排序合理性对比分析

在 AHP 中，CR 是一个被广泛认可的一致性检验指标。一般来说，CR 值越小，相应判断矩阵的一致性程度越高。当判断矩阵为完全一致性判断矩阵时，有 $\lambda_{\max}=n$，此时 CR 为 0。因此，我们可以用各专家原始判断矩阵，即不做一致性调整处理的情况下，计算各专家判断矩阵的 CR^k，$k=1,2,\cdots,l$，CR^k 值越小，表明相应专家判断矩阵的一致性程度越高。若基于判断矩阵一致性程度确定专家权重，则根据 CR 值的大小就可以得到专家权重的相对排序，将这个排序作为专家权重的一致性参考排序。若基于某种方法获得的专家权重排序与一致性参考排序相符，则表明该方法获得的专家权重排序从判断矩阵一致性角度考虑是相对合理的。

利用上述方法，可以对专家权重调整结果做排序相似性上的对比分析，但这种方法只适用于基于判断矩阵一致性程度的专家权重调整方法的排序检验。

算例 4.9　采用算例 4.1 中的数据，利用上述方法对 4.3.1 节提出的各种方法得到的专家权重排序合理性进行对比分析。

针对算例 4.1 中的指标体系及专家判断矩阵，计算得到各专家判断矩阵的 CR 值依次为 0.1070、0.0414、0.0759 和 0.6107，于是得到专家权重的标准排序为 $\beta_2>\beta_3>\beta_1>\beta_4$。本书在 4.3.1 节从不同角度提出 6 种基于判断矩阵一致性检验的专家权重调整方法。其专家权重排序如表 4.6 所示。

表 4.6　基于判断矩阵一致性检验的专家权重调整方法的专家权重排序

方法	专家权重排序
方法一	$\beta_2>\beta_3>\beta_1>\beta_4$
方法二	$\beta_2>\beta_3>\beta_1>\beta_4$
方法三	$\beta_2>\beta_1>\beta_3>\beta_4$
方法四	$\beta_2>\beta_1>\beta_3>\beta_4$

续表

方法	专家权重排序
方法五(1)	$\beta_2 > \beta_3 > \beta_1 > \beta_4$
方法五(2)	$\beta_2 > \beta_3 > \beta_1 > \beta_4$
方法六	$\beta_2 > \beta_3 > \beta_1 > \beta_4$

由此可以得出以下结论。

① 基于距离度量和相对距离度量的专家权重调整方法的结果排序都与一致性参考排序相符。其中，本书提出的基于距离度量的专家调整方法首先用欧氏距离度量专家个体判断矩阵与其相应的完全一致判断矩阵的差异程度，然后针对这些差异信息用灰色关联分析得到各专家判断矩阵一致性程度的相对大小，但若只从欧氏距离度量结果来调整专家权重，其排序结果为 $\beta_2 > \beta_3 > \beta_4 > \beta_1$，与参考排序不符，这说明本书的方法是有效的。

② 由表 4.6 可见，方法三和方法四都是基于夹角余弦度量的方法，但它们的结果排序与参考排序略有不同。我们认为夹角余弦度量是一种很好地度量向量相似度或贴近度的方法，但由于其规范化了向量的长度，因此相对欧氏距离度量来说，夹角余弦度量在 1～9 标度构造的互反判断矩阵下，容易出现对误差较大元素的作用重视不够的问题，从而影响结果。

③ 方法五(1)和方法五(2)都是基于 D-S 证据理论的专家权重调整方法，它们的结果排序都与标准排序相符。其中，方法五(1)虽然是基于夹角余弦度量，但通过基于 D-S 合成法则对行、列的度量信息进行融合，即利用 D-S 合成法则中“支持的假设更加支持，否定的假设更加否定”的极化性特点，因此得到与标准排序相符的结果。方法五(2)对基于距离度量信息和夹角余弦度量信息进行融合，可以实现对不同方法得到的度量信息的互补，得到与一致性参考排序相符的结果。

④ 方法六与根据 CR 值得到专家权重相对排序的方法在本质上是类似的，但该方法只适合基于判断矩阵一致性程度的专家权重调整。

综上可见，传统的欧氏距离度量和夹角余弦度量都不适合直接用 1～9 标度构造的判断矩阵间的相似度或差异程度度量，而对这两个方法的度量结果做各专家评价信息的相对意义上的计算，如方法一，或者利用 D-S 合成法则进行信息互补，如方法五(1)和方法五(2)，所得的专家权重调整结果在排序上也相对合理。

2. 基于最小相对熵优化模型的专家权重排序合理性对比分析

群决策问题本质上是一个集结问题，为了获得一致的群体决策目标，就要最小化群决策结果与个人偏好信息不一致的可能性。于是，我们可以通过建立度量专家个体排序向量与综合排序向量符合程度的模型，利用数学规划理论建立最优化模型，求得与各专家个体偏好综合偏离最小的群体偏好。该群体偏好显然在专家权重未知的条件下能很好地反映群体一致的偏好。于是，我们可以将该群体偏好作为综合排序向量，度量专家个体排序向量与综合排序向量的符合程度。符合程度越高，表明相应专家意见对群体意见贡献越大，其专家权重应该越大。但考虑专家意见的直接体现应该是他给出的判断矩阵，由判断矩阵得出的排序向量已是间接意见。同时，专家权重值的大小和所用的度量方法是有关的，所以按上述思路得到的专家权重值未必是最能反映专家评判意见相容度水平的值。

基于上述分析，本书提出基于最小相对熵优化模型的专家权重排序合理性对比分析方法。其思路是通过最小相对熵优化模型[61]得到相对熵意义下的最优综合排序向量。为了获得可信度高的专家权重排序，我们分别采用欧氏距离、夹角余弦和相对熵度量专家个体排序向量与综合排序向量的符合程度，若基于三种度量方法计算得到的专家权重排序一致，则将这个排序作为专家权重的相容性参考排序。当某种方法得到的专家权重排序与这个相容性参考排序符合时，则表明该专家权重的排序从判断矩阵相容性角度考虑是相对合理的。相容性参考排序确定方法的主要步骤如下。

Step1，根据各专家满意一致性判断矩阵，利用 AHP 求专家个体指标权重向量，即个体排序向量 $W^k=(\omega_1^k,\omega_2^k,\cdots,\omega_n^k)$。

Step2，基于最小相对熵优化模型求综合排序向量 $W^q=(\omega_1^q,\omega_2^q,\cdots,\omega_n^q)$。

由 $\sum_{j=1}^{n}\omega_j^k=1$，可将专家个体排序向量看作一个离散概率分布，于是可以得到综合排序向量与每个专家给出的个体排序向量的相对熵。运用数学规划理论，建立基于相对熵意义下的综合排序向量的最优化模型(最小相对熵优化模型)，即

$$
\min Q(W^q)=\sum_{k=1}^{l}\beta_k\sum_{j=1}^{n}\left(\omega_j^q\log\frac{\omega_j^q}{\omega_j^k}\right)
$$

$$
\text{s.t.}\begin{cases}\omega_j^q\geqslant 0, & j=1,2,\cdots,n\\ \sum_{j=1}^{n}\omega_j^q=1\end{cases} \tag{4.35}
$$

其中，β_k 为专家权重，此时专家权重未知，可设所有专家权重相等，即 $\beta_k=\dfrac{1}{l}$，$k=1,2,\cdots,l$。

由于此处一定满足 $\omega_j^q\geqslant 0, j=1,2,\cdots,n,$ 因此式(4.35)可转化为等式约束条件

下的极值问题，通过构造 Lagrange 函数求解。令 $L(W^q,\lambda)=\sum_{k=1}^{l}\frac{1}{l}\sum_{j=1}^{n}\left(\omega_j^q\log\frac{\omega_j^q}{\omega_j^k}\right)+\lambda\left(\sum_{j=1}^{n}\omega_j^q-1\right)$，获得的方程的解为

$$\omega_j^q=\frac{\prod_{k=1}^{l}\left(\omega_j^k\right)^{\frac{1}{l}}}{\sum_{j=1}^{n}\prod_{k=1}^{l}\left(\omega_j^k\right)^{\frac{1}{l}}},\quad j=1,2,\cdots,n \tag{4.36}$$

通过上述过程可以求得综合排序向量 $W^q=(\omega_1^q,\omega_2^q,\cdots,\omega_n^q)$，较好地综合各专家的偏好。

Step3，确定专家权重的相容性参考排序。

分别求综合排序向量 $W^q=\{\omega_1^q,\omega_2^q,\cdots,\omega_n^q\}$ 与各专家个体排序向量 $W^k=\{\omega_1^k,\omega_2^k,\cdots,\omega_n^k\}$ 的相对熵、夹角余弦、欧氏距离，依次记为 $h(W^q,W^k)$、$S(W^q,W^k)$ 和 $d(W^q,W^k)$，即

$$h(W^q,W^k)=\sum_{j=1}^{n}\omega_j^q\log\frac{\omega_j^q}{\omega_j^k},\quad k=1,2,\cdots,l \tag{4.37}$$

$$S(W^q,W^k)=\frac{\sum_{j=1}^{n}\omega_j^q\omega_j^k}{\sqrt{\sum_{j=1}^{n}\left(\omega_j^q\right)^2}\sqrt{\sum_{j=1}^{n}\left(\omega_j^k\right)^2}},\quad k=1,2,\cdots,l \tag{4.38}$$

$$d(W^q,W^k)=\sqrt{\sum_{j=1}^{n}\left(\omega_j^q-\omega_j^k\right)^2},\quad k-1,2,\cdots,l \tag{4.39}$$

其中，$\sum_{j=1}^{n}\omega_j^k=1;\sum_{j=1}^{n}\omega_j^q=1$。

$h(W^q,W^k)$ 和 $d(W^q,W^k)$ 越大，相应专家的权重 β_k 越小，而 $S(W^q,W^k)$ 越大，相应的专家权重 β_k 越大。于是，按 $h(W^q,W^k)$、$S(W^q,W^k)$ 和 $d(W^q,W^k)$ 的大小，可以得到专家权重的相容性参考排序。

算例 4.10 采用算例 4.1 中的数据，利用上述方法对 4.3.2 节提出的各种方法得到的专家权重排序合理性进行对比分析。

Step1，用 AHP 求得的各专家满意一致性判断矩阵的排序向量为

$$W^1=\{0.0364,0.0764,0.2955,0.1361,0.4262,0.0294\}$$

$$W^2 = \{0.0408, 0.0779, 0.0779, 0.0814, 0.3333, 0.3888\}$$

$$W^3 = \{0.0350, 0.1796, 0.3291, 0.3578, 0.0588, 0.0397\}$$

$$W^4 = \{0.1549, 0.0381, 0.0862, 0.1670, 0.2708, 0.2829\}$$

Step2，基于最小相对熵优化模型求得的综合排序向量为

$$W^q = \{0.0685, 0.1027, 0.2055, 0.2062, 0.2803, 0.1368\}$$

Step3，求综合排序向量与各专家个体排序向量的相对熵、夹角余弦、欧氏距离，即

$$h(W^q, W^1) = 0.1776, \quad h(W^q, W^2) = 0.2634,$$
$$h(W^q, W^3) = 0.3852, \quad h(W^q, W^4) = 0.1782$$
$$S(W^q, W^1) = 0.9220, \quad S(W^q, W^2) = 0.8054,$$
$$S(W^q, W^3) = 0.7909, \quad S(W^q, W^4) = 0.8820$$
$$d(W^q, W^1) = 0.2181, \quad d(W^q, W^2) = 0.3155,$$
$$d(W^q, W^3) = 0.3222, \quad d(W^q, W^4) = 0.221$$

可以看出，三种度量方法得到的计算结果在值上有区别，但通过它们获得的专家权重排序一致，因此确定专家权重的相容性参考排序为 $\beta_1 > \beta_4 > \beta_2 > \beta_3$。

4.3.2 节提出的基于判断矩阵相容性检验的专家权重调整方法中，只有方法 X 二的专家权重排序结果与相容性参考排序完全一致。

综上可见，对由 1～9 标度构造的正互反判断矩阵，基于如式(4.15)的相对距离度量的专家权重调整方法，无论是从判断矩阵一致性角度，还是判断矩阵相容性角度来看，得到的专家潜在排序均是合理的。

4.3.4 基于一致性和相容性检验的综合专家权重确定方法

专家判断矩阵的一致性程度反映该专家的思维一致性水平，而相容度反映该专家意见与群体意见的符合程度。一致性和相容性从两个侧面反映专家评价意见的质量，因此应从两个方面综合考虑专家的权重调整。其要解决的关键问题是综合两个方面的信息，给专家一个合适的权重。

D-S 证据理论被认为是多元不确定性信息融合的有效方法。其原理是对各自独立的结论通过组合给出一致性结果，实现信息互补。于是，本书提出以下基于一致性和相容性检验的综合专家权重调整方法。

根据利用某种基于一致性检验的专家权重调整方法得到的专家权重 β_k^y，以及某种基于相容性检验的专家权重调整方法得到的专家权重 β_k^x 构建 mass 函数，即

$$m_y(e_k) = \beta_k^y, \quad m_x(e_k) = \beta_k^x, \quad k = 1, 2, \cdots, l \tag{4.40}$$

利用 D-S 证据合成法则，计算综合专家权重，即

$$\beta_k^z = (m_y \oplus m_x)(e_k), \quad k = 1,2,\cdots,l \tag{4.41}$$

从 4.3.3 节的分析结果看，用式(4.15)所示的相对距离来衡量判断矩阵间的差异程度时，其获得的专家权重排序相对合理。这里选用基于一致性检验的专家权重调整方法二和基于相容性检验的专家权重调整方法 X 二分别计算 β_k^y 和 β_k^x 。

4.4 基于群体层次分析法的指标权重求解方法

4.4.1 基于过程集结方式的群体层次分析法指标权重求解方法

基于过程集结方式的群体 AHP 指标权重求解方法的思路是：首先基于判断矩阵一致性检验和相容性检验获得专家综合权重；然后将各专家给出的判断矩阵进行集结，得到反映群体偏好的群判断矩阵，记为 $C^* = \left[c_{ij}^*\right]_{n\times n}$ ；最后利用 AHP 求得群体排序向量，即反映群体偏好的群指标权重向量。

上述方法的关键问题是要合理确定专家权重，以及选择合适的集结方式。关于专家权重在 4.3 节已讨论过。判断矩阵的集结需要考虑判断矩阵的一致性要求，第 2、3 章决策矩阵的集结中用到的加权求和方式在这里不适用。例如，设第 k 个专家判断矩阵的满意一致性矩阵为 $C^k = [c_{ij}^k]_{n\times n}$ ，则按加权求和方式得到的群判断矩阵的元素为 $c_{ij}^* = \sum_{k=1}^{l} c_{ij}^k \beta_k, i = 1,2,\cdots,n; j = 1,2,\cdots,n$ ，用算例 4.8 可求得各专家判断矩阵的满意一致性判断矩阵，以及方法 X 二方法获得的专家权重，求得的群判断矩阵为

$$C^* = \begin{bmatrix} 1.0000 & 0.9562 & 0.5997 & 0.4548 & 0.5622 & 0.7682 \\ 3.0355 & 1.0000 & 0.4313 & 0.4661 & 1.3459 & 2.5083 \\ 4.3735 & 3.5284 & 1.0000 & 1.3533 & 1.5426 & 3.0784 \\ 4.1864 & 3.0064 & 1.3320 & 1.0000 & 1.4008 & 3.5984 \\ 4.0648 & 3.6223 & 3.3442 & 2.8606 & 1.0000 & 3.5604 \\ 3.4210 & 3.6056 & 2.5936 & 1.5868 & 0.6105 & 1.0000 \end{bmatrix}$$

其一致性检验结果为 $\mathrm{CR} = 0.7229$ ，显然不满足一致性要求。为了满足一致性要求，本书采用加权几何平均法构造群判断矩阵 $C^* = \left[c_{ij}^*\right]_{n\times n}$ 。具体方法是设有 l 个专家的正互反判断矩阵，记为 $C^k = [c_{ij}^k]_{n\times n}, k = 1,2,\cdots,l$ ，l 个专家的权重记为 β_k ，则利用加权几何平均法构造群判断矩阵 $C^* = \left[c_{ij}^*\right]_{n\times n}$ 。其元素为

$$c_{ij}^* = \prod_{k=1}^{l} \left(c_{ij}^k\right)^{\beta_k} \tag{4.42}$$

定理 4.1　若l个专家的正互反判断矩阵$C^k=\left[c_{ij}^k\right]_{n\times n}$, $k=1,2,\cdots,l$均满足一致性，则利用加权几何平均法构造的群判断矩阵$C^*=\left[c_{ij}^*\right]_{n\times n}$是一致性矩阵。

证明：因为$C^k=[c_{ij}^k]_{n\times n}$是一致性矩阵，所以$c_{ij}^k=\dfrac{c_{ig}^k}{c_{jg}^k}$，则

$$c_{ij}^*=\prod_{k=1}^{l}(c_{ij}^k)^{\beta_k}=\prod_{k=1}^{l}\left(\frac{c_{ig}^k}{c_{jg}^k}\right)^{\beta_k}=\frac{\prod_{k=1}^{l}\left(c_{ig}^k\right)^{\beta_k}}{\prod_{k=1}^{l}\left(c_{jg}^k\right)^{\beta_k}}=\frac{c_{ig}^*}{c_{jg}^*}$$

因此，群判断$C^*=\left[c_{ij}^*\right]_{n\times n}$是一致性判断矩阵。

基于过程集结方式的群体 AHP 权重求解方法的主要步骤如图 4.2 所示。

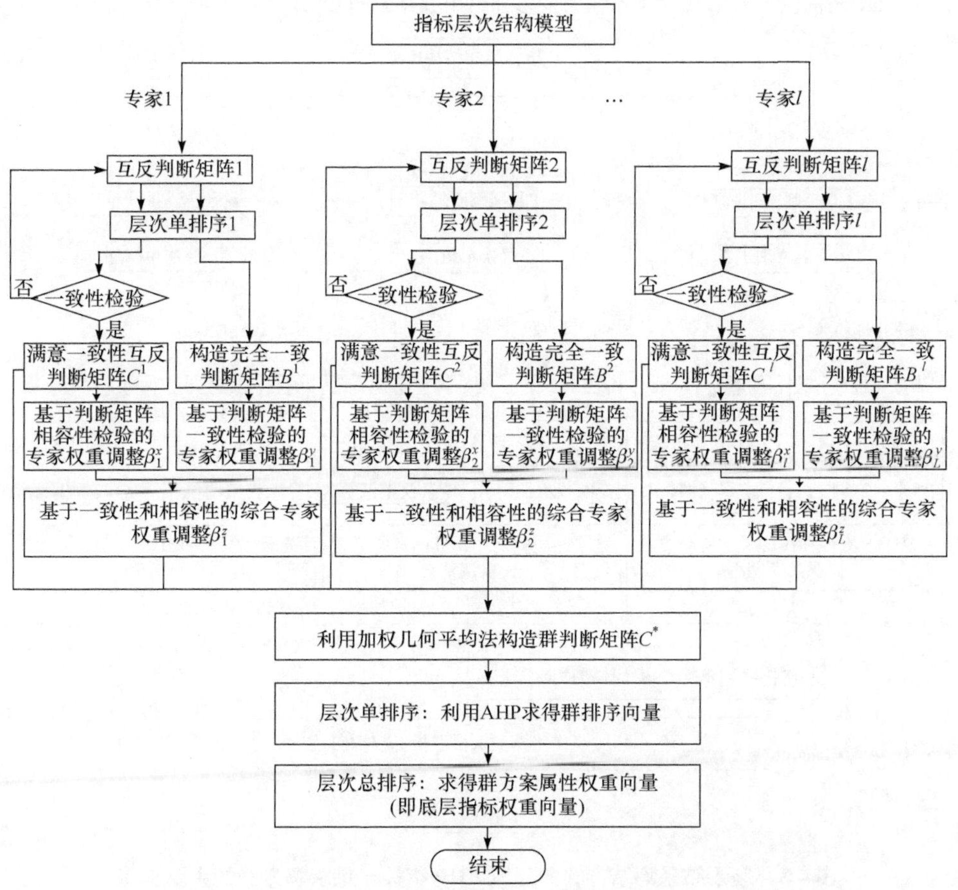

图 4.2　基于过程集结方式的群体 AHP 指标权重求解方法的主要步骤

4.4.2 基于结果集结方式的群体层次分析法指标权重求解方法

基于结果集结方式的群体 AHP 指标权重求解方法思路是：首先基于判断矩阵一致性检验和相容性检验获得专家综合权重；然后将各专家给出的判断矩阵分别用 AHP 求得各自的排序向量；最后对各专家排序向量集结得到群排序向量。

专家权重的确定方法采用 4.3.4 节基于一致性和相容性检验的综合专家权重调整方法。对于各专家判断矩阵排序向量的集结，此时的专家权重已知，关键问题就是求得与各专家个体偏好综合偏离最小的群体偏好。这里采用最小相对熵优化模型，将求得的专家权重 $\beta_k, k=1,2,\cdots,l$ ，以及各专家判断矩阵排序向量 $W^k=(\omega_1^k,\omega_2^k,\cdots,\omega_n^k)$ 代入式(4.35)，即可求得相对熵意义上的最代表专家群体偏好的群排序向量，即群指标权重向量 $W^*=(\omega_1^*,\omega_2^*,\cdots,\omega_n^{k*})$ 。基于结果集结方式的群体 AHP 指标权重求解方法的主要步骤如图 4.3 所示。

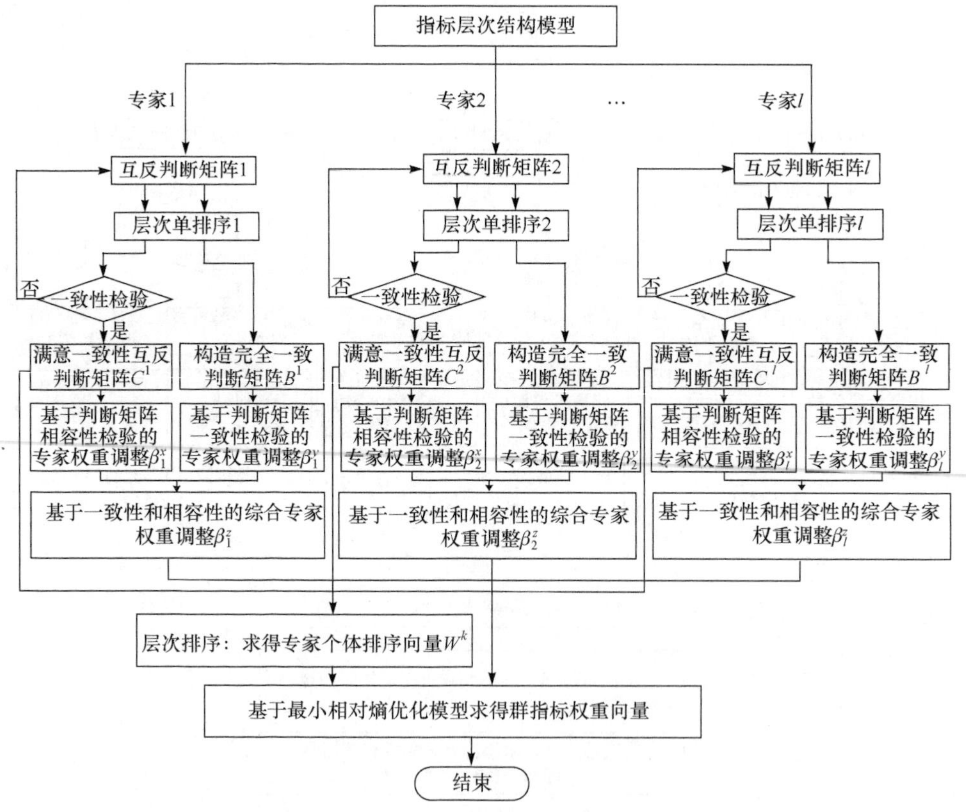

图 4.3 基于结果集结方式的群体 AHP 指标权重求解方法的主要步骤

4.4.3 算例分析

算例 4.11 采用算例 4.1 中的指标体系及数据，基于过程集结方式的群体 AHP 指标权重求解方法确定群指标权重向量。

根据算例 4.2 和算例 4.8 分别算出基于一致性检验和相容性检验的专家权重，得到的综合专家权重如表 4.7 所示。

表 4.7 基于一致性和相容性检验的综合专家权重

mass 函数	专家 e_1	专家 e_2	专家 e_3	专家 e_4
m_y	0.2493	0.2853	0.2596	0.2057
m_x	0.2610	0.2498	0.2362	0.2530
$m_y \oplus m_x$	0.2602	0.2854	0.2456	0.2084

$(m_y \oplus m_x)(e_k)$ 即各专家综合权重，按大小排序为 $\beta_2^z > \beta_1^z > \beta_3^z > \beta_4^z$。这与单独基于一致性检验或相容性检验的专家权重排序都不同，是二者的融合。

基于综合专家权重，按式(4.42)利用加权几何平均法构造的群判断矩阵为

$$C^* = \begin{bmatrix} 1.0000 & 0.4340 & 0.3073 & 0.3319 & 0.3459 & 0.4510 \\ 2.3041 & 1.0000 & 0.3591 & 0.4102 & 0.4614 & 0.8212 \\ 3.2542 & 2.7843 & 1.0000 & 1.0585 & 0.6707 & 1.1190 \\ 3.0125 & 2.4378 & 0.9447 & 1.0000 & 0.5678 & 1.5157 \\ 2.8912 & 2.1675 & 1.9844 & 1.7612 & 1.0000 & 2.3199 \\ 2.2171 & 1.0664 & 0.8938 & 0.6597 & 0.4310 & 1.0000 \end{bmatrix}$$

基于上述群判断矩阵，利用 AHP 求得的群指标权重向量为

$$W^* = \{0.0649, 0.1056, 0.2066, 0.2002, 0.2861, 0.1366\}$$

算例 4.12 采用算例 4.1 中的指标体系及数据，基于结果集结方式的群体 AHP 指标权重求解方法确定群指标权重向量。

利用算例 4.10 得到的专家个体排序向量 $W^k = \{\omega_1^k, \omega_2^k, \cdots, \omega_n^k\}$，以及算例 4.11 得到的综合专家权重 β_k^z，按式(4.35)求得的群指标权重向量为

$$W^* = \{0.0649, 0.1056, 0.2065, 0.2003, 0.2861, 0.1366\}$$

由算例 4.11 和算例 4.12 的计算结果可见，它们得到的群指标权重向量是一样的，微小的差别是由计算过程中的四舍五入造成的。在基于过程集结方式的群体 AHP 指标权重求解方法中，通过加权几何平均对专家个体判断矩阵进行集结得到群判断矩阵，再利用 AHP 求解判断矩阵排序向量，即指标权重向量。由于

AHP 中的层次单排序采用的是根法，这样对群排序向量中的每个元素 ω_j^* 都有式(4.43)成立，即

$$\omega_j^* = \frac{\left[\prod_{j=1}^{n}\prod_{k=1}^{l}\left(c_{ij}^k\right)^{\beta_k^z}\right]^{\frac{1}{n}}}{\sum_{i=1}^{n}\left[\prod_{j=1}^{n}\prod_{k=1}^{l}\left(c_{ij}^k\right)^{\beta_k^z}\right]^{\frac{1}{n}}} \tag{4.43}$$

在基于结果集结方式的群体 AHP 指标权重求解方法中，按式(4.35)对专家个体排序向量进行集结，则对每一个 ω_j^* 都有式(4.44)成立，即

$$\omega_j^* = \frac{\prod_{k=1}^{l}\left(\omega_j^k\right)^{\beta_k^z}}{\sum_{j=1}^{n}\prod_{k=1}^{l}\left(\omega_j^k\right)^{\beta_k^z}} = \frac{\prod_{k=1}^{l}\left[\left(\prod_{j=1}^{n}c_{ij}^k\right)^{\frac{1}{n}}\right]^{\beta_k^z}}{\sum_{j=1}^{n}\prod_{k=1}^{l}\left[\left(\prod_{j=1}^{n}c_{ij}^k\right)^{\frac{1}{n}}\right]^{\beta_k^z}} = \frac{\left[\prod_{j=1}^{n}\prod_{k=1}^{l}\left(c_{ij}^k\right)^{\beta_k^z}\right]^{\frac{1}{n}}}{\sum_{i=1}^{n}\left[\prod_{j=1}^{n}\prod_{k=1}^{l}\left(c_{ij}^k\right)^{\beta_k^z}\right]^{\frac{1}{n}}} \tag{4.44}$$

由此可见，基于最小相对熵意义下的最优群排序向量与通过加权几何平均构造的群判断矩阵求得的群排序向量理论上是完全一致的。在实际应用中，判断矩阵的层次单排序也可以采用其他的方法。对群判断矩阵的构造，由于有一致性的要求，其构造方法相对较少，目前广泛采用的是加权几何平均法。对排序向量的集结没有一致性要求，因此方法较多，如最小二乘法、最小二乘偏差法、广义最小平方法等。在利用本书提出的基于结果集结方式的群体 AHP 指标权重求解过程中，也可以利用其他方法获取群排序向量。

4.5 本 章 小 结

本章主要研究基于群体 AHP 的指标权重求解问题，主要的研究工作及成果如下。

① 针对判断矩阵的特点，分别从一致性检验和相容性检验角度，基于距离度量、夹角余弦度量，并且结合灰色关联分析、D-S 证据理论提出多种群体 AHP 中的专家权重调整方法。在此基础上，我们提出基于一致性和相容性检验的综合专家权重调整方法。该方法利用 D-S 合成法则对分别从一致性和相容性角度得到的专家权重进行融合，得到的综合专家权重是对专家思维一致性水平和专家判断意

见相容性程度的综合反映。

② 为了解决各种专家权重调整方法结果的合理性对比问题,我们研究并给出群体 AHP 中专家权重相对合理性分析方法。该方法利用被广泛认可的一致性检验指标得到专家权重排序的一致性参考排序。针对所有专家个体判断矩阵排序向量，通过建立基于最小相对熵优化模型，得到专家权重的相容性参考排序。当某种方法得到的专家权重排序与一致性或相容性参考排序符合时，表明该专家权重的排序从判断矩阵一致性角度或相容性角度考虑是相对合理的。

③ 分别构建基于过程集结方式和结果集结方式的群体 AHP 权重求解方法,从而获得基于群体决策的指标权重，以多个角度的集体智慧弥补个人知识和经验的不足。

第 5 章　基于区间直觉模糊数的多属性群决策方法

基于区间直觉模糊数的不确定性多属性群决策方法近年来在经济、管理、运筹、工程等诸多领域受到极大地关注并得到广泛的应用，具有较为坚实的基础理论。由于区间直觉模糊数本身的特点，基于实数的多属性群决策方法并不能直接用于处理区间直觉模糊，因此基于区间直觉模糊数的不确定性多属性群决策方法仍是目前较受关注的研究问题[89-92]。

本章针对决策信息形式为区间直觉模糊数的群决策问题构建规划模型，分别算出指标权重值与专家的权重，给出基于区间直觉模糊数的多属性群决策方法，并将其应用到装备型号论证过程中的决策问题。

5.1　区间直觉模糊数的定义及其运算规则

5.1.1　区间直觉模糊数的定义

定义 5.1　设集合 X 非空，则 $A=\left\{\left\langle x,\tilde{\mu}_{\tilde{A}}(x),\tilde{v}_{\tilde{A}}(x)\right\rangle \middle| x\in X\right\}$ 称为区间直觉模糊数，其中 $\tilde{\mu}_{\tilde{A}}(x)\subset[0,1]$，代表对 x 的支持度信息；$\tilde{v}_{\tilde{A}}(x)\subset[0,1]$，代表对 x 的否定度信息，满足条件 $\sup\tilde{\mu}_{\tilde{A}}(x)+\sup\tilde{v}_{\tilde{A}}(x)\leqslant 1, x\in X$ [89]。

为分析问题方便，通常将区间直觉模糊数 $\tilde{\alpha}$ 记为 $\tilde{\alpha}=([a,b],[c,d])$，或者 $\tilde{\alpha}=([\tilde{\mu}_{\tilde{\alpha}}(x),\tilde{v}_{\tilde{\alpha}}(x)])=([\mu^L(x),\mu^U(x)],[v^L(x),v^U(x)])$。

区间直觉模糊数相比一般区间数的特点是用一个区间数分别描述真隶属度和假隶属度。真隶属度指评估事物过程中决策者对事物持肯定态度，又叫支持度信息。假隶属度信息指评估事物过程中决策者对事物持否定态度，又叫否定度信息。例如，在某次投票选举过程中，投票人员给出对被选人员的支持意见为 $\tilde{\alpha}=([0.4,0.6],[0.2,0.3])$，解释为该投票人员对被选者的支持度相对 1 来讲，支持度为 $[0.4,0.6]$，而不是给出的一个确定值。区间数可以更好地反映决策者的意见。同样，$[0.2,0.3]$ 代表反对意见。支持度与否定度的和不为 1，代表投票者意见中的犹豫程度。

一般区间数只是用具体实数值描述对评估事物的肯定与否定态度信息，而区间直觉模糊数不但包含真隶属度与假隶属度的信息，而且给出两者的取值范围，所以说区间值模糊信息可以全面地表达专家的决策意见，尽可能地保留决策专家原始的、最初的意见。

5.1.2　区间直觉模糊数的运算规则

多属性群决策问题涉及信息的集结与融合，若专家给出的评价信息以区间直觉模糊数描述，需要定义相应区间直觉模糊数的运算规则来实现对专家意见的比较和集结。

定义 5.2　设 $\tilde{\alpha}=([a,b],[c,d]),\ \tilde{\alpha}_1=([a_1,b_1],[c_1,d_1]),\tilde{\alpha}_2=([a_2,b_2],[c_2,d_2])$ 为区间直觉模糊数[90]，则其基本运算规则如下。

① 加法运算规则：$\tilde{\alpha}_1\oplus\tilde{\alpha}_2=([a_1+a_2-a_1a_2,b_1+b_2-b_1b_2],[c_1c_2,d_1d_2])$。

② 乘法运算规则：$\tilde{\alpha}_1\otimes\tilde{\alpha}_2=([a_1a_2,b_1b_2],[c_1+c_2-c_1c_2,d_1+d_2-d_1d_2])$。

③ 实数乘法运算规则：$\lambda\tilde{\alpha}=([1-(1-a)^{\lambda},1-(1-b)^{\lambda}],[c^{\lambda},d^{\lambda}])$。

④ 指数运算规则：$\tilde{\alpha}^{\lambda}=([a^{\lambda},b^{\lambda}],[1-(1-c)^{\lambda},1-(1-d)^{\lambda}])$。

⑤ 大小比较规则：若

$$\frac{a_1+b_1+c_1+d_1}{4}>\frac{a_2+b_2+c_2+d_2}{4}\tag{5.1}$$

则称 $\tilde{\alpha}_1>\tilde{\alpha}_2$。

这些运算规则在后续章节对于不确定信息的融合、集结步骤经常运用。

此外，实际中常常需要对两个区间直觉模糊数的相似度进行度量，一般通过定义两者间的距离表征两区间直觉模糊数之间的相似程度，这里采用两种常用的计算公式定义两个区间直觉模糊数的距离。

定义 5.3　设有 $\tilde{\alpha}=([a_1,b_1],[c_1,d_1]),\tilde{\alpha}=([a_2,b_2],[c_2,d_2])$，则两者之间的距离公式为

$$d(\tilde{\alpha}_1,\tilde{\alpha}_2)=\frac{|a_1-a_2|+|b_1-b_2|+|c_1-c_2|+|d_1-d_2|}{4}\tag{5.2}$$

或

$$d^{o}(\tilde{\alpha}_1,\tilde{\alpha}_2)=\sqrt{(a_1-a_2)^2+(b_1-b_2)^2+(c_1-c_2)^2+(d_1-d_2)^2}\tag{5.3}$$

在实际中，我们可以根据数据的特点和评估需求选用 $d(\tilde{\alpha}_1,\tilde{\alpha}_2)$ 或者 $d^{o}(\tilde{\alpha}_1,\tilde{\alpha}_2)$ 表示区间直觉模糊数 $\tilde{\alpha}_1$ 与 $\tilde{\alpha}_2$ 之间的距离。

5.2　基于区间直觉模糊数的多属性群决策问题描述

对基于区间直觉模糊数的多属性群决策问题，可以设 $A=\{A_1,A_2,\cdots,A_m\}$ 为决策问题的决策方案集，$C=\{C_1,C_2,\cdots,C_n\}$ 为 n 个评价指标(属性)组成的方案属性集，由 l 个决策者组成的决策群体 $E=\{e_1,e_2,\cdots,e_l\}$ 对每个方案的每个属性进行评判并给出评价信息，第 k 个专家对第 i 个方案的指标 C_j 给出的评价信息用

区间直觉模糊数 $\tilde{s}_{ij}^k$ 表示，则第 k 个专家给出的评价信息可用区间直觉模糊决策矩阵表示，记为 $S^k=\left[\tilde{s}_{ij}^k\right]_{m\times n}$；然后将所有专家意见集结，得到方案的综合排序。

第 3 章和第 4 章虽然都对指标的权重、专家的权重讨论过相应的方法，但这里的指标数据是区间直觉模糊数，所以前面讨论过的方法不能直接用于这里。我们需要研究区间直觉模糊决策矩阵 $S^k=\left[\tilde{s}_{ij}^k\right]_{m\times n}$，确定指标的权重、专家的权重的方法，在此基础上研究基于区间直觉模糊数的群决策方法，得到方案的综合排序。

5.3 基于区间直觉模糊数信息熵的指标权重计算

指标权重反映的是同层指标间相对重要性的大小，通常有两种计算思路：一种是首先由领域专家根据其领域知识和经验给出指标相对重要性的评估信息，再借助某种客观方法进行计算得到指标权重；另一种是根据已获得的指标数据分析计算指标的权重。在第 4 章，我们已按第一种思路对指标权重计算方法进行了研究。在本章，我们按第二种思路研究指标权重的计算方法。

为了将决策者意见最大限度地保留与呈现，我们将专家给出的指标评估信息以区间直觉模糊数的形式表达。这个指标相对其他指标可能给评估结果带来更多的不确定性，我们可以通过减小该指标的权重来实现。

信息论中的熵值理论为事物的不确定度量提供了一种较好的测度方法。信息熵在已有的研究中多次被使用，且取得了较好的效果，因此我们引入区间直觉模糊数的信息熵度量指标评估信息中包含的犹豫度，并将犹豫程度大的指标赋予较小的权重，从而减小评估结果的不确定性。

5.3.1 区间直觉模糊数的信息熵

定义 5.4 称 $e(\tilde{\alpha})$ 为区间直觉模糊数 $\tilde{\alpha}=([\mu^L(x),\mu^U(x)],[v^L(x),v^L(x)])$ 的模糊信息熵，当且仅当满足如下条件[89]。

① $e(\tilde{\alpha})=0$, 当 $\tilde{\alpha}=([1,1],[0,0])$ 或 $\tilde{\alpha}=([0,0],[1,1])$。

② $e(\tilde{\alpha})=1$, 当 $\tilde{\alpha}=([0.5,0.5],[0.5,0.5])$。

③ $e(\tilde{\alpha})=e(\tilde{\alpha}^c)$。

④ 对任意两个区间直觉模糊数 $\tilde{\alpha}$ 和 $\tilde{\beta}$, 若有 $d^o(\tilde{\alpha},([0.5,0.5],[0.5,0.5])\geqslant d^o(\tilde{\beta},([0.5,0.5],[0.5,0.5])$，则有 $e(\tilde{\alpha})\leqslant e(\tilde{\beta})$。

按上述定义，区间直觉模糊数 $([0.5,0.5],[0.5,0.5])$ 的熵值最大，这与我们的直观理解相符，因为 $([0.5,0.5],[0.5,0.5])$ 对支持和否定的态度一样，所以包含的犹豫程度最大，即专家对这个指标的认识具有更多的不确定性。

关于 $e(\tilde{\alpha})$ 的计算方法，目前的文献提出很多方法，这里采用式(5.4)计算，即

$$e(\tilde{\alpha}) = 1 - d^o(\tilde{\alpha}, ([0.5,0.5],[0.5,0.5])) \tag{5.4}$$

区间直觉模糊数 $\tilde{\alpha} = ([\mu^L(x), \mu^U(x)],[v^L(x), v^L(x)])$ 与 $([0.5,0.5],[0.5,0.5])$ 相似度越高，表明其包含的犹豫程度越大，因此熵值越大。

下面对按式(5.4)计算的 $e(\tilde{\alpha})$ 是否符合定义 5.4 中的条件进行证明。

证明：

① 当 $\tilde{\alpha} = ([1,1],[0,0])$ 或 $\tilde{\alpha} = ([0,0],[1,1])$ 时，利用式(5.4)可以得到 $d^o(\tilde{\alpha}) = 1$，$e(\tilde{\alpha}) = 0$。

② 当 $\tilde{\alpha} = ([0.5,0.5],[0.5,0.5])$ 时，利用式(5.4)可以得到 $d(\tilde{\alpha}) = 0, e(\tilde{\alpha}) = 1$。

③ $e(\tilde{\alpha}^c) = 1 - \sqrt{(\mu^L(x) - 0.5)^2 + (\mu^U(x) - 0.5)^2 + (v^L(x) - 0.5)^2 + (v^U(x) - 0.5)^2}$，而 $e(\tilde{\alpha}) = 1 - \sqrt{(v^L(x) - 0.5)^2 + (v^U(x) - 0.5)^2 + (\mu^L(x) - 0.5)^2 + (\mu^U(x) - 0.5)^2}$，则 $e(\tilde{\alpha}) = e(\tilde{\alpha}^c)$ 显然成立。

④ 对任意的两个区间直觉模糊数 $\tilde{\alpha}$ 和 $\tilde{\beta}$, 若有 $d^o(\tilde{\alpha}, ([0.5,0.5],[0.5,0.5])) \geqslant d^o(\tilde{\beta}, ([0.5,0.5],[0.5,0.5]))$，利用式(5.4)显然可得 $e(\tilde{\alpha}) \leqslant e(\tilde{\beta})$。

于是得证 $e(\tilde{\alpha})$ 为区间直觉模糊数 $\tilde{\alpha} = ([\mu^L(x), \mu^U(x)],[v^L(x), v^U(x)])$ 的模糊信息熵。

5.3.2　基于信息熵的指标权重确定

5.3.1 节以 $\tilde{\alpha} = ([0.5,0.5],[0.5,0.5])$ 为参考标准，计算区间直觉模糊数距离 $\tilde{\alpha}$ 的相对距离测度值，从而得到相应的信息熵。熵值越大，表示该区间直觉模糊数包含的犹豫程度越大，即专家对这个指标的认识具有更多的不确定性，因此该指标应被赋予较小的权重。

基于信息熵的指标权重计算主要步骤如下。

Step1，根据专家给出的区间直觉模糊矩阵 $S = \left[\tilde{s}_{ij}\right]_{m\times n}$，按式(5.5)计算指标 C_j 的信息熵 E_j，即

$$E_j = \frac{1}{m}\sum_{i=1}^{m} e(\tilde{s}_{ij}) \tag{5.5}$$

Step2，计算指标 C_j 的权重 ω_j，即

$$\omega_j = \frac{1 - E_j}{\sum_{j=1}^{n}(1 - E_j)} \tag{5.6}$$

由式(5.5)和式(5.6)不难推断，上述指标权重的计算实际上是由 $\tilde{\alpha}$ 和区间直觉模糊数 $([0.5,0.5],[0.5,0.5])$ 之间的离差最大化确定的，证明过程如下。

证明：将 $E_j=\frac{1}{m}\sum_{i=1}^{m}e(\tilde{s}_{ij})$ 代入式(5.6)，化简可得

$$\omega_j=\frac{1-\frac{1}{m}\sum_{i=1}^{m}e(\tilde{s}_{ij})}{\sum_{j=1}^{n}(1-\frac{1}{m}\sum_{i=1}^{m}e(\tilde{s}_{ij}))}$$

$$=\frac{1-\frac{1}{m}\sum_{i=1}^{m}\left[1-\sqrt{(\mu_{\tilde{s}_{ij}}^{L}(x)-0.5)^2+(\mu_{\tilde{s}_{ij}}^{U}(x)-0.5)^2+(v_{\tilde{s}_{ij}}^{L}(x)-0.5)^2+(v_{\tilde{s}_{ij}}^{U}(x)-0.5)^2}\right]}{\sum_{j=1}^{n}\left\{1-\frac{1}{m}\sum_{i=1}^{m}\left[1-\sqrt{(\mu_{\tilde{s}_{ij}}^{L}(x)-0.5)^2+(\mu_{\tilde{s}_{ij}}^{U}(x)-0.5)^2+(v_{\tilde{s}_{ij}}^{L}(x)-0.5)^2+(v_{\tilde{s}_{ij}}^{U}(x)-0.5)^2}\right]\right\}}$$

$$=\frac{\frac{1}{m}\sum_{i=1}^{m}\sqrt{(\mu_{\tilde{s}_{ij}}^{L}(x)-0.5)^2+(\mu_{\tilde{s}_{ij}}^{U}(x)-0.5)^2+(v_{\tilde{s}_{ij}}^{L}(x)-0.5)^2+(v_{\tilde{s}_{ij}}^{U}(x)-0.5)^2}}{\frac{1}{m}\sum_{i=1}^{m}\sum_{j=1}^{n}\sqrt{(\mu_{\tilde{s}_{ij}}^{L}(x)-0.5)^2+(\mu_{\tilde{s}_{ij}}^{U}(x)-0.5)^2+(v_{\tilde{s}_{ij}}^{L}(x)-0.5)^2+(v_{\tilde{s}_{ij}}^{U}(x)-0.5)^2}}$$

$$=\frac{\frac{1}{m}\sum_{i=1}^{m}d^{o}(\tilde{s}_{ij},([0.5,0.5],[0.5,0.5]))}{\frac{1}{m}\sum_{i=1}^{m}\sum_{j=1}^{n}d^{o}(\tilde{s}_{ij},([0.5,0.5],[0.5,0.5]))}$$

$$=\frac{d_j}{\sum_{j=1}^{n}d_j}$$

式中，d_j 为指标 C_j 的所有取值与区间直觉模糊数 $([0.5,0.5],[0.5,0.5])$ 之间的离差值的均值。

5.4 基于灰色关联系数的专家权重确定

专家权重的确定由专家给出的评价意见与专家群体意见的相似度来确定。相似度越大，专家权重越高。相似度用灰色关联系数度量。

1. 专家意见与群体意见的关联度

专家的评价意见指专家对各方案给出的评价信息，若第 k 个专家给出的第 i 个方案的评价信息为 $\left(\tilde{s}_{i1}^{k},\tilde{s}_{i2}^{k},\cdots,\tilde{s}_{in}^{k}\right)$，则第 k 个专家对第 i 个方案的综合评价值为

$$\tilde{z}_i^k = \sum_{j=1}^{n} w_j^k \tilde{s}_{ij}^k \tag{5.7}$$

专家群体意见用所有专家的评价信息的均值表示，即

$$\tilde{z}_{io} = \frac{1}{l}\sum_{k=1}^{l} \tilde{z}_i^k \tag{5.8}$$

相似度用灰色关联系数度量，即用集结得到的专家群体意见作为灰关联度中的参考序列，各专家对各方案的综合评价值作为被比较序列，则各专家意见与群体意见在每个方案的灰色关联系数为

$$\xi\left(\tilde{z}_{io}, \tilde{z}_i^k\right) = \frac{\min\limits_{k}\min\limits_{i} d^o\left(\tilde{z}_{io}, \tilde{z}_i^k\right) + \rho \max\limits_{k}\max\limits_{i} d^o\left(\tilde{z}_{io}, \tilde{z}_i^k\right)}{d^o\left(\tilde{z}_{io}, \tilde{z}_i^k\right) + \rho \max\limits_{k}\max\limits_{i} d^o\left(\tilde{z}_{io}, \tilde{z}_i^k\right)} \tag{5.9}$$

式中，ρ 为分辨系数，$0 < \rho < 1$。

各专家意见与群体意见的关联度为

$$\gamma_{ok} = \frac{1}{m}\sum_{i=1}^{m} \xi\left(\tilde{z}_{io}, \tilde{z}_i^k\right) \tag{5.10}$$

2. 基于二次优化模型的专家权重计算

为最大限度地使专家意见趋于一致，依据在专家权重约束条件下确保专家意见与群体意见关联度最大原则，建立如下规划求解模型(M1)，即

$$\begin{aligned} &\max \sum_{k=1}^{l} \left(\beta_k \gamma_{ok}\right)^2 \\ &\text{s.t.}\begin{cases} \sum\limits_{k=1}^{l} \beta_k = 1 \\ \beta_k \geqslant \eta, \quad k = 1,2,\cdots,l \end{cases} \end{aligned} \tag{5.11}$$

式中，β_k 是第 k 名专家的权重系数。

同时，信息熵作为合适的度量事物丰富性的标尺，其值的最大化体现的是事物状态丰富程度的最大化。因此，依照极大熵准则建立的规划模型(M2)为

$$\begin{aligned} &\max H(\beta) = -\sum_{k=1}^{l} \beta_k \ln \beta_k \\ &\text{s.t.}\begin{cases} \sum\limits_{k=1}^{l} \beta_k = 1 \\ \beta_k \geqslant \eta, \quad k = 1,2,\cdots,l \end{cases} \end{aligned} \tag{5.12}$$

考虑式(5.11)和式(5.12)，综合得到的规划模型(M3)为

$$\max\left[\mu\sum_{k=1}^{l}(\beta_k\gamma_{ok})^2-(1-\mu)\sum_{k=1}^{l}\beta_k\ln\beta_k\right]$$
$$\text{s.t.}\begin{cases}\sum_{k=1}^{l}\beta_k=1\\ \beta_k\geqslant\eta,\quad k=1,2,\cdots,l\end{cases}\tag{5.13}$$

式中，$0<\mu<1$，通常取 $\mu=0.5$; $\lambda_k\geqslant\eta$ 可保证专家均参与到决策中；η 作为临界值，一般为 $\eta=\dfrac{1}{2l}$。

5.5 基于区间直觉模糊数的多属性群决策方法步骤

根据上述模型，我们可以得到基于区间直觉模糊数的多属性群决策求解的一般过程，如图 5.1 所示。

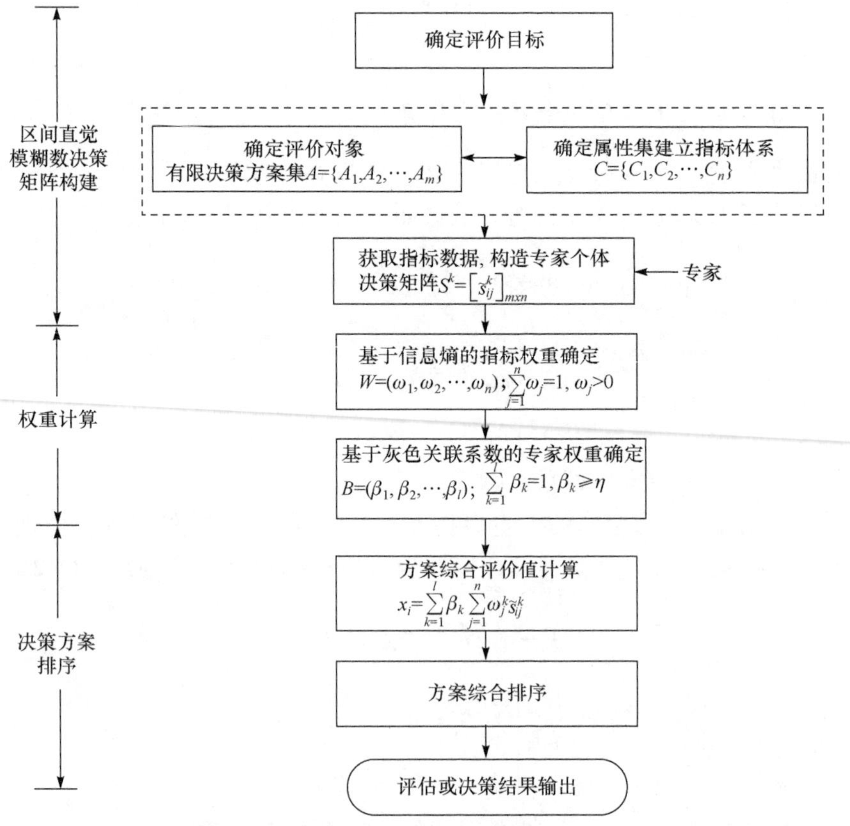

图 5.1 基于区间直觉模糊数的多属性群决策问题求解的一般过程

Step1，根据需要解决的实际问题，确定评价目标；抽象出需要决策的有限方案集，确定评价对象；邀请相关领域权威专家，评估专家在个人已有知识，以及对方案作必要了解的基础上，对每个方案的每个指标给出基于区间直觉模糊数的评估值，整理为矩阵形式 $S^k=\left[\tilde{s}_{ij}^k\right]_{m\times n}$。

Step2，采用基于区间直觉模糊数信息熵的指标权重计算方法，确定指标权重，即 $W=(\omega_1,\omega_2,\cdots,\omega_n),\sum_{j=1}^{n}\omega_j=1,\omega_j>0$。

Step3，采用基于灰色关联系数的专家权重确定方法，计算专家权重，即 $B=(\beta_1,\beta_2,\cdots,\beta_l),\sum_{k=1}^{l}\beta_k=1,\beta_k\geqslant\eta$。建议取 $\eta>0$，其数值一般可设为 $\eta=\dfrac{1}{2l}$。

Step4，采用加权平均方式，计算各方案综合评价值，并以区间直觉模糊数形式表示为 $\tilde{x}_i\ (i=1,2,\cdots,m)$，具体方法为

$$\tilde{x}_i=\sum_{k=1}^{l}\beta_k\sum_{j=1}^{n}\omega_j^k\tilde{s}_{ij}^k \tag{5.14}$$

Step5，根据区间直觉模糊数的比较规则式(5.1)，对方案的综合区间直觉模糊数评价值进行比较，并按从大到小进行排序，排在最前面的为最优方案。

5.6　算例分析

某国防部拟加入一种导弹武器型号装备以达到提高作战体系战斗力的目的，相关装备研制部门按上级要求提供三种导弹的型号 $A_i(i=1,2,3)$ 的性能指标信息。国防部指定相关领域的专家 1、专家 2、专家 3 组成决策团体共同参与对 3 种导弹的综合性能进行的评估决策。选取较为核心的指标包括 C_1(命中精度)、C_2(弹头载荷)、C_3(机动性能)、C_4(价格)等。专家在把握客观公正原则的基础上对导弹进行评估。评估数据信息采用区间直觉模糊数形式表示。例如，受邀决策打分的专家针对导弹的命中精度指标进行评估，对该项指标分别给出正面评价区间值与负面评价区间。正、负两面评价区间构成该专家对该指标的评估值。据此得到的初始决策矩阵为 $S^k=\left[s_{ij}^k\right]_{3\times 4}$。下面运用基于区间直觉模糊数的多属性群决策方法选择最满足需求的导弹型号。

在基础数据的获取方面，我们对基础数据进行模拟生成，并应用到该模型算法中。

Step1，按对方案评估数据采用区间直觉模糊数的前提下，整理规范化数据信息，构建专家对各方案的评估意见的决策矩阵，即

$$S^1=\begin{bmatrix}([0.7,0.8],[0.1,0.2]) & ([0.7,0.8],[0.1,0.3]) & ([0.5,0.7],[0.2,0.3]) & ([0.8,0.9],[0.0,0.1])\\ ([0.6,0.7],[0.2,0.3]) & ([0.5,0.6],[0.2,0.3]) & ([0.7,0.8],[0.1,0.2]) & ([0.4,0.6],[0.1,0.3])\\ ([0.4,0.7],[0.2,0.3]) & ([0.8,0.9],[0.0,0.1]) & ([0.5,0.6],[0.3,0.4]) & ([0.6,0.7],[0.2,0.3])\end{bmatrix}$$

$$S^2=\begin{bmatrix}([0.5,0.7],[0.1,0.2]) & ([0.6,0.8],[0.2,0.3]) & ([0.5,0.6],[0.2,0.3]) & ([0.5,0.8],[0.0,0.1])\\ ([0.6,0.7],[0.2,0.3]) & ([0.5,0.7],[0.2,0.3]) & ([0.6,0.8],[0.1,0.2]) & ([0.4,0.7],[0.1,0.3])\\ ([0.4,0.6],[0.3,0.4]) & ([0.7,0.9],[0.0,0.1]) & ([0.4,0.6],[0.3,0.4]) & ([0.6,0.7],[0.2,0.3])\end{bmatrix}$$

$$S^3=\begin{bmatrix}([0.4,0.5],[0.4,0.5]) & ([0.5,0.8],[0.1,0.2]) & ([0.5,0.6],[0.2,0.3]) & ([0.6,0.8],[0.1,0.2])\\ ([0.6,0.7],[0.2,0.3]) & ([0.3,0.6],[0.2,0.4]) & ([0.6,0.8],[0.1,0.2]) & ([0.4,0.5],[0.2,0.3])\\ ([0.3,0.7],[0.3,0.3]) & ([0.7,0.9],[0.0,0.1]) & ([0.4,0.6],[0.3,0.5]) & ([0.5,0.6],[0.2,0.3])\end{bmatrix}$$

Step2，确定指标权重。

根据式(5.4)，将区间直觉模糊数的决策矩阵转化为区间直觉模糊数的信息熵矩阵，转换结果为

$$h^1=\begin{bmatrix}0.3836 & 0.4255 & 0.5877 & 0.1876\\ 0.5757 & 0.6258 & 0.3836 & 0.5310\\ 0.5757 & 0.1876 & 0.7551 & 0.5757\end{bmatrix}$$

$$h^2=\begin{bmatrix}0.4615 & 0.5204 & 0.6258 & 0.2929\\ 0.5757 & 0.5877 & 0.4084 & 0.5\\ 0.7354 & 0.219 & 0.7354 & 0.5757\end{bmatrix}$$

$$h^3=\begin{bmatrix}0.8586 & 0.4169 & 0.6258 & 0.4084\\ 0.5757 & 0.6127 & 0.4084 & 0.6258\\ 0.6 & 0.219 & 0.7551 & 0.6258\end{bmatrix}$$

由式(5.6)，经计算可得到与每位专家的决策矩阵对应的指标权重，即

$$W^1=(0.2465,0.199,0.2773,0.2079),\quad j=1,2,3,4$$

$$W^2=(0.267,0.1999,0.2666,0.2061),\quad j=1,2,3,4$$

$$W^3=(0.2965,0.182,0.2608,0.2419),\quad j=1,2,3,4$$

Step3，确定专家权重。

首先，根据得到的与每位决策者的决策矩阵相对应的指标权重，对每位决策者的决策矩阵进行加权，获得每名决策者对各个方案的总的评价值，即

$$\tilde{Z}^1=\begin{bmatrix}([0.6186,0.7376]\ [0.1,0.213])\\ ([0.5247,0.6385]\ [0.1376,0.2515])\\ ([0.5212,0.6636]\ [0.1741,0.2671])\end{bmatrix}$$

$$\tilde{Z}^2=\begin{bmatrix}([0.4898,0.6717]\ [0.12,0.214])\\ ([0.5026,0.6844]\ [0.1407,0.2552])\\ ([0.477,0.6443]\ [0.2013,0.2953])\end{bmatrix}$$

$$\tilde{Z}^3 = \begin{bmatrix} ([0.4851,0.6439] & [0.2132,0.2947]) \\ ([0.4857,0.6463] & [0.1702,0.2752]) \\ ([0.4416,0.6730] & [0.2156,0.2952]) \end{bmatrix}$$

然后，计算出三位决策者对方案的综合平均评价值，即

$$\tilde{Z}_o = \begin{bmatrix} ([0.5312,0.6844] & [0.1444,0.2406]) \\ ([0.5043,0.6564] & [0.1495,0.2606]) \\ ([0.4799,0.6603] & [0.1970,0.2859]) \end{bmatrix}$$

根据式(5.9)，计算得到各专家与群体意见即参考方案的灰色关联系数，即

$$\xi^1 = \begin{bmatrix} 0.0532 \\ 0.0148 \\ 0.0216 \end{bmatrix}, \quad \xi^2 = \begin{bmatrix} 0.0263 \\ 0.0110 \\ 0.0081 \end{bmatrix}, \quad \xi^3 = \begin{bmatrix} 0.0524 \\ 0.0160 \\ 0.0197 \end{bmatrix}$$

按式(5.10)计算各个专家意见与群体意见的关联度，即 $\gamma_{o1} = 0.0299$，$\gamma_{o2} = 0.0151$，$\gamma_{o3} = 0.0294$。

最后，按模型 $M3$ 规划可得专家权重，即 $\beta_1 = 0.3334, \beta_2 = 0.3332, \beta_3 = 0.3334$。

Step4，按式(5.14)计算各方案综合评价值，即 $\tilde{x}_1 = ([0.5312,0.6844], [0.1444, 0.2406])$、$\tilde{x}_2 = ([0.5043,0.6564],[0.1495,0.2606])$、$\tilde{x}_3 = ([0.4799,0.6603], [0.1970, 0.2859])$。

Step5，根据区间直觉模糊数的比较规则式(5.1)，可得 $\tilde{x}_3 > \tilde{x}_1 > \tilde{x}_2$，即方案 3 为最优方案。

5.7 本章小结

本章针对决策信息为区间直觉模糊数的群决策问题，研究基于区间直觉模糊数信息熵的指标权重确定方法，以及基于灰色关联系数的专家权重确定方法，在此基础上提出一种基于区间直觉模糊数的多属性群决策方法。对指标权重，该方法将专家给出的原始评估数据转化为区间直觉模糊数的信息熵形式，用熵衡量指标数据中包含的犹豫度。对专家权重，用灰色关联度度量各专家意见与群体意见的相似度，并在综合考虑专家意见与群体意见关联度最大化，以及信息熵最大化原理的基础上，建立规划模型，优化解得专家权重。根据得到的指标和专家权重，通过加权平均方式得到各综合评价值并进行排序。最后，通过算例分析，验证所提方法的可行性。

第 6 章 基于混合信息的多属性群决策方法

传统多属性群决策理论对方案指标的描述通常是单一的，但实际决策问题往往存在复杂性和不确定性。例如，导弹的射程、速度等指标参数可以用实数值表达，但在针对其性能，如稳定性、可维护性等方面，可能就不能以实数值表达，因此多属性群决策问题逐步向决策数据模糊化，甚至是混合模式形式发展。例如，文献[93]利用区间数表达专家的模糊信息，得到区间判断矩阵，通过求解指标权重完成网络安全评估；文献[94], [95]主要讨论决策原始信息为区间数的决策问题的思路方法，以及应用研究；文献[96]-[100]在将混合信息转换为二元语义形式的基础上建立模型方法求解多属性决策问题。上述文献采用实数值、区间数、区间直觉模糊数、语言值等混合形式表达决策意见，有利于专家根据个人偏好完整地给出决策数据，避免信息的损失、歪曲，增加决策结果可信度，但同时也增加了决策算法处理的难度。

在实际中，由于决策者在经验积累、知识水平、个人偏好等方面存在差异，以及指标的固有复杂特性，决策者往往不能给出精确的、以数值数据描述的偏好信息，更愿意使用语义丰富的模糊数、区间数或语言值等数据形式描述决策意见，而且不同专家面对同样的决策问题时通常会表现出不同的偏好，因此常常会形成基于混合信息形式的多属性群决策问题。针对这种情况，本章围绕基于混合信息的多属性群决策方法展开研究，重点研究基于 1～9 标度判断矩阵和区间数判断矩阵的混合信息的指标权重求解方法，以及基于二元语义的多属性群决策方法。

6.1 基于混合信息的指标权重求解方法

传统的群体 AHP 在获取专家意见时都是利用 1～9 标度法来构造判断矩阵，即假定所有专家都可以给出确定的决策意见，忽略部分专家可能存在模糊不定的情况。为了更好地贴合思维特点，同时考虑事物的复杂特性，本节采用区间数和 1～9 标度法结合的方式获取专家意见。针对采用区间数构造判断矩阵的专家群体，利用专家个体意见与群体专家意见的偏离程度求解专家权重，专家与群体专家意见的偏离程度越小，说明该名专家的决策结果越趋于群体专家的决策结果，应给该专家赋予较高的权重。针对采用 1～9 标度法构造判断矩阵的专家群体，不但要考虑专家个体意见与群体意见的偏离程度，而且要考虑专家思维的一致性水平，偏离度越小、一致性水平越高，说明该专家的决策意见可靠性越好，应得到较高的权重。最后，通过加权平均的方法完成指标综合权重的确定。

6.1.1　专家意见的描述方式

采用 1～9 标度法得到的判断矩阵在 4.1 节已经介绍过，利用区间数获取专家决策信息的原理类似于 1～9 标度法，只是在专家打分时采用区间数的形式反映专家意见的不确定性。区间数判断矩阵可表示为

$$B=\left[b_{ij}\right]_{m\times n}=\begin{bmatrix}\left[b_{11}^L,b_{11}^U\right] & \left[b_{12}^L,b_{13}^U\right] & \cdots & \left[b_{11}^L,b_{11}^U\right]\\ \left[b_{21}^L,b_{21}^U\right] & \left[b_{22}^L,b_{22}^U\right] & \cdots & \left[b_{2n}^L,b_{2n}^U\right]\\ \vdots & \vdots & & \vdots\\ \left[b_{n1}^L,b_{n1}^U\right] & \left[b_{n2}^L,b_{n2}^U\right] & \cdots & \left[b_{nn}^L,b_{nn}^U\right]\end{bmatrix} \tag{6.1}$$

对区间数判断矩阵中的元素 $b_{ij}=[b_{ij}^{\ L},b_{ij}^{\ U}]$，有 $b_{ij}^{\ L}<b_{ij}^{\ U}$，表示第 i 个指标与第 j 个指标相比其重要程度在 b_{ij}^L 和 b_{ij}^U 之间。设 $a_{ij}=[a_{ij}^{\ L},a_{ij}^{\ U}]$ 也是一个区间数，区间数间的运算规则如下[101,102]。

① $a_{ij}\pm b_{ij}=[a_{ij}^L\pm b_{ij}^L,a_{ij}^U\pm b_{ij}^U]$。

② $ka_{ij}=[ka_{ij}^L,ka_{ij}^U]$。

③ 两个区间数间的离差值为 $d=\left(\left|a_{ij}^L-b_{ij}^L\right|+\left|a_{ij}^U-b_{ij}^U\right|\right)/2$。

6.1.2　专家赋权

为了减少计算量，本节采用基于结果的集结方式对专家意见进行集结，综合一致性和相容性得到专家综合权重。对 1～9 标度判断矩阵，首先利用 AHP 得到专家个体的指标权重向量，然后利用 CR 值检验专家思维的一致性水平，最后利用欧氏距离度量专家个体的指标权重向量与群体指标权重向量的差异，通过构造非线性规划模型计算得到专家的综合权重。对区间数判断矩阵 $B=([b_{ij}^{\ L},b_{ij}^{\ U}])_{n\times n}$，首先将其分解成两个判断矩阵 $B^L=(b_{ij}^{\ L})_{n\times n}$ 和 $B^U=(b_{ij}^{\ U})_{n\times n}$，然后用 AHP 分别计算两个判断矩阵的指标权重向量 $W^L=(\omega_1^L,\omega_2^L,\cdots,\omega_n^L)$ 和 $W^U=(\omega_1^U,\omega_2^U,\cdots,\omega_n^U)$，指标的综合权重向量可以表示为 $W=(W^L+W^U)/2$，最后采用灰色关联法度量专家个体意见与群体意见的相似度，从而确定专家的权重。

1. 基于 1～9 标度判断矩阵的专家赋权

Step1，设邀请的 l 名专家中有 K_1 名专家采用 1～9 标度判断矩阵表达其意见，

对每位专家的判断矩阵 A^k，利用 AHP 求其排序向量 $W^k=(\omega_1^k,\omega_2^k,\cdots,\omega_n^k)$，则所有专家的指标权重向量组成指标权重矩阵为 $W_1=[W^1W^2\cdots W^{K_1}]^{\mathrm{T}}$。

Step2，计算各专家判断矩阵的 $\mathrm{CR}^k, k=1,2,\cdots,K_1$。

Step3，用欧氏距离度量第 k 位专家的指标权重向量 $W^k=(\omega_1^k,\omega_2^k,\cdots,\omega_n^k)$ 与其他专家的差异，记为 D^k，即

$$D^k=\sum_{j=1}^{n}\sum_{s=1}^{K_1}(\omega_j^k-\omega_j^s)^2 \tag{6.2}$$

Step4，构造二次非线性规划模型，求解专家权重，即

$$\begin{aligned}&\min\sum_{k=1}^{K_1}\beta_k^2(\mathrm{CR}^k+D^k)\\&\text{s.t.}\ \sum_{k=1}^{K_1}\beta_k=1\end{aligned} \tag{6.3}$$

引入 Lagrange 函数求解上述模型，即

$$L=\sum_{\mathrm{k}=1}^{K_1}\beta_k^2(\mathrm{CR}^k+D^k)+2\theta\left(\sum_{k=1}^{K_1}\beta_k-1\right) \tag{6.4}$$

式中，θ 为拉格朗日因子，分别对 β_k 和 θ 求导可得下式，即

$$\begin{cases}\dfrac{\partial L}{\partial\beta_k}=2\beta_k\mathrm{CR}^k+D^k+2\theta=0\\ \displaystyle\sum_{k=1}^{K_1}\beta_k=1\end{cases} \tag{6.5}$$

从而得到专家 e_k 的权重，即

$$\beta_k=\frac{1}{\mathrm{CR}^k+D^k}\frac{1}{\displaystyle\sum_{k=1}^{K_1}\frac{1}{\mathrm{CR}^k+D^k}} \tag{6.6}$$

Step5，重复上述步骤，依次得到所有专家权重。

2. 基于区间数判断矩阵的专家赋权

Step1，设邀请的 l 名专家中有 K_2 名专家采用区间数进行打分，第 k 位专家的区间数判断矩阵记为 $B^k=\left[b_{ij}^{kL},b_{ij}^{kU}\right]_{n\times n}$，将其分解成两个判断矩阵 $B^{kL}=\left(b_{ij}^{kL}\right)_{n\times n}$ 和 $B^{kU}=\left(b_{ij}^{kU}\right)_{n\times n}$，利用 AHP 分别求得两个判断矩阵的指标权重向量为 $W'^{kL}=(\omega_1'^{kL},\omega_2'^{kL},\cdots,\omega_n'^{kL})$ 和 $W'^{kU}=(\omega_1'^{kU},\omega_2'^{kU},\cdots,\omega_n'^{kU})$。

Step2，求解第 k 位专家的指标权重向量，记为 $W'^k=(\omega_1'^k,\omega_2'^k,\cdots,\omega_n'^k)$，其中 $\omega_j'^k=\dfrac{\omega_j'^{kL}+\omega_j'^{kU}}{2}$，则所有专家的指标权重向量组成指标权重矩阵为 $W_2=\left[W'^1 W'^2\cdots W'^{K_2}\right]^{\mathrm{T}}$。

Step3，确定专家 e_k 的权重。

根据各专家决策矩阵得到的指标权重矩阵 W_2，得到相对最优序列 $\alpha_0=(\alpha_0(1),\alpha_0(2),\cdots,\alpha_0(n))$，其中 $\alpha_0(j)=\dfrac{1}{K_2}\sum\limits_{k=1}^{K_2}\omega_j'^k$。$W'^1,W'^2,\cdots,W'^{K_2}$ 作为被比较序列 α_1，$\alpha_2,\cdots,\alpha_{K_2}$，利用式(6.7)计算关联系数[103,104]，即

$$\xi(\alpha_0(j),\alpha_k(j))=\frac{mm+eMM}{\left|\alpha_0(j)-\alpha_k(j)\right|+eMM} \tag{6.7}$$

式中，e 为分辨系数，在 0～1 之间取值，这里取 $\rho=0.5$；$mm=\min\limits_{j=1}^{n}\min\limits_{k=1}^{K_2}\left|\alpha_0(j)-\alpha_k(j)\right|$；$MM=\max\limits_{j=1}^{n}\max\limits_{k=1}^{K_2}\left|\alpha_0(j)-\alpha_k(j)\right|$。

关联度为

$$R_{0k}=\frac{1}{n}\sum_{j=1}^{n}\xi(\alpha_0(j),\alpha_k(j)) \tag{6.8}$$

关联度越大表明该专家的指标权重向量与群体指标权重向量相似度越高，则第 k 位专家的权重为

$$\beta_k'=\frac{R_{0k}}{\sum\limits_{k=1}^{K_2}R_{0k}} \tag{6.9}$$

Step 4，重复上述步骤，计算所有专家的权重。

6.1.3　基于混合信息的指标权重求解步骤

基于群体 AHP 的指标权重求解的主要步骤如下。

Step1，邀请专家根据已建立的指标体系给出判断矩阵，专家依据自己的偏好可以选择 1～9 标度法或者区间数表示自己的评价意见，得到 1～9 标度判断矩阵 $A^k=(a_{ij}^k)_{n\times n},k=1,2,\cdots,K_1$，或者区间数判断矩阵 $B^k=([b_{ij}^{kL},b_{ij}^{kU}])_{n\times n},k=1,2,\cdots,K_2$。

Step2，基于 $A^k=(a_{ij}^k)_{n\times n},k=1,2,\cdots,K_1$ 和 $B^k=([b_{ij}^{kL},b_{ij}^{kU}])_{n\times n},k=1,2,\cdots,K_2$，计算得到指标权重矩阵 $W_1=\left[W^1W^2\cdots W^{K_1}\right]^{\mathrm{T}}$ 和 $W_2=\left[W'^1W'^2\cdots W'^{K_2}\right]^{\mathrm{T}}$。

Step3，针对 $A^k=(a_{ij}^k)_{n\times n}$，用基于 1～9 标度判断矩阵的专家赋权方法，计算

专家的权重 $\beta_1, \beta_2, \cdots, \beta_{K_1}$；针对 $B^k = ([b_{ij}^{kL}, b_{ij}^{kU}])_{n\times n}$，用基于区间数判断矩阵的专家赋权方法，计算专家的权重 $\beta'_1, \beta'_2, \cdots, \beta'_{K_2}$。

Step4，按式(6.10)计算每个指标的综合权重，即

$$\omega_j = \mu\sum_{k=1}^{K_1}\beta_k\omega_j^k + (1-\mu)\sum_{k=1}^{K_2}\beta'_k\omega_j'^k,\quad j=1,2,\cdots,n \tag{6.10}$$

式中，$\mu\in(0,1)$，用来权衡两类专家意见的重要性，通常取 $\mu = 0.5$。

6.1.4 雷达导引头抗干扰性能评估指标赋权示例

1. 问题描述

导引头是决定导弹能否精确打击目标的关键[105]。在实际作战环境中，雷达导引头面临的干扰形式十分复杂，其抗干扰性能的优劣直接影响精确制导武器的战斗力。为了掌握战场电子对抗领域的主动权，各国对雷达导引头抗干扰技术的研究都很重视。近年来提出的副瓣对消、频率捷变等多种抗干扰措施，使雷达导引头的性能显著提升且不同型号之间的性能差异较大，因此对雷达导引头抗干扰性能进行有效地评估，对武器研制、装备升级等方面具有重要的参考价值。

雷达导引头在工作过程中面临复杂的战场环境，影响其抗干扰性能评估的因素较多且关系复杂，对雷达导引头抗干扰性能的评估还存在不少困难和挑战。由于试验代价大、保密等原因造成的用于评估的基础数据匮乏是一个主要困难，因此相关文献在对雷达导引头抗干扰性能评估中，常常需要依据专家经验。本节以反舰导弹雷达导引头抗干扰性能评估为例，研究如何将指标权重求解方法用于指标赋权，并通过算例展示其应用过程。

2. 计算过程

在对雷达导引头面临的典型干扰样式和常用的抗干扰技术，以及常用的抗干扰性能评估指标分析的基础上，我们邀请 5 名相关领域专家，建立反舰导弹雷达导引头抗干扰能力评估指标体系，如图 6.1 所示。该指标体系从固有抗干扰性能和相对抗干扰性能两个方面考虑反舰导弹雷达导引头的抗干扰性能。

在指标赋权过程中，邀请 6 位相关领域专家参加决策。由于各专家的知识水平及经验等方面存在差异，其中有 3 位专家能够给出确定评价意见，另外 3 位专家存在犹豫不决的情况，因此在获取专家判断矩阵时，前 3 位专家采用 1～9 标度法，后 3 位专家采用区间数的方法。为了简化描述，这里仅给出二级指标“固有抗干扰性能评估指标”下的三级指标权重求解过程，包括雷达平均发射功率、发射天线增益、信号带宽、信号时宽带宽积。

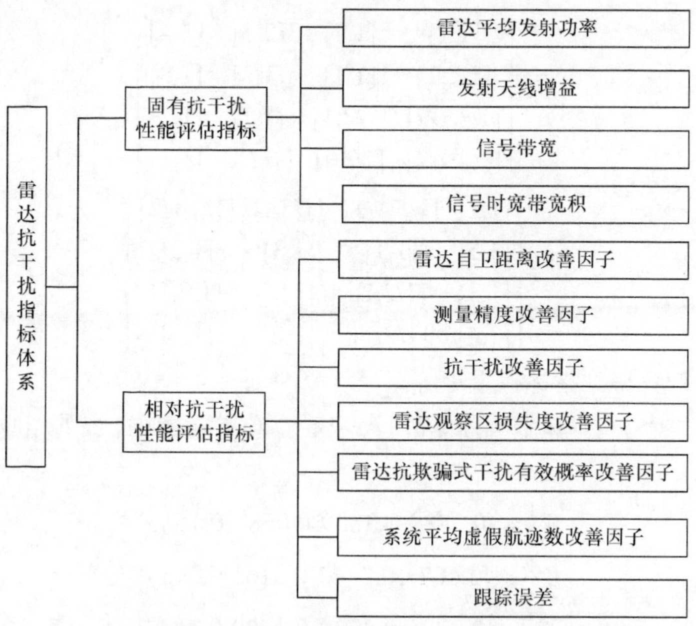

图 6.1 反舰导弹雷达导引头抗干扰性能评估指标体系

Step1，邀请专家打分，6 位专家给出的判断矩阵为

$$A^1=\begin{bmatrix} 1 & 1 & 5 & 3 \\ 1 & 1 & 5 & 3 \\ 1/5 & 1/5 & 1 & 1/3 \\ 1/3 & 1/3 & 3 & 1 \end{bmatrix}$$

$$A^2=\begin{bmatrix} 1 & 2 & 3 & 4 \\ 1/2 & 1 & 2 & 3 \\ 1/3 & 1/2 & 1 & 2 \\ 1/4 & 1/3 & 1/2 & 1 \end{bmatrix}$$

$$A^3=\begin{bmatrix} 1 & 1/5 & 1/3 & 1/4 \\ 5 & 1 & 3 & 2 \\ 3 & 1/3 & 1 & 1/2 \\ 4 & 1/2 & 2 & 1 \end{bmatrix}$$

$$A^4=\begin{bmatrix} [1,1] & [1,1] & [2,5] & [1,3] \\ [1,1] & [1,1] & [3,5] & [1,3] \\ [1/5,1/2] & [1/5,1/3] & [1,1] & [1/3,1] \\ [1/3,1] & [1/3,1] & [1,3] & [1,1] \end{bmatrix}$$

$$A^5=\begin{bmatrix} [1,1] & [1,2] & [2,3] & [2,4] \\ [1/2,1] & [1,1] & [1,2] & [1,3] \\ [1/3,1/2] & [1/2,1] & [1,1] & [1,2] \\ [1/4,1/2] & [1/3,1] & [1/2,1] & [1,1] \end{bmatrix}$$

$$A^6=\begin{bmatrix} [1,1] & [1/5,1/3] & [1/3,1] & [1/4,1/2] \\ [3,5] & [1,1] & [1,3] & [1,2] \\ [1,3] & [1/3,1] & [1,1] & [1/2,1] \\ [2,4] & [1/2,1] & [1,2] & [1,1] \end{bmatrix}$$

Step2，计算得到指标权重矩阵。

Step2.1，对 1～9 标度判断矩阵 $A^1\sim A^3$，利用 AHP 计算其相应的指标权重向量，即

$$W^1=\{0.3889,0.3889,0.0687,0.1535\}$$

$$W^2=\{0.4673,0.2772,0.0161,0.0954\}$$

$$W^3=\{0.0726,0.4730,0.1700,0.2844\}$$

利用 $\mathrm{CR=CI/RI}$，计算得到 $\mathrm{CR}_1=0.0161$、$\mathrm{CR}_2=0.0115$、$\mathrm{CR}_3=0.0189$，即 3 位专家的判断矩阵均符合一致性检验，得到指标权重矩阵 $W_1=\left[W^1\ W^2\ W^3\right]^{\mathrm{T}}$。

Step2.2，对区间数判断矩阵 $A_4\sim A_6$，按 6.2.2 节中的方法计算相应的指标权重向量，即

$$W_1^4=\{0.3296,0.3296,0.1341,0.2068\}$$

$$W_1^5=\{0.1356,0.2057,0.3342,0.3245\}$$

$$W_1^6=\{0.2172,0.1775,0.2551,0.3502\}$$

由这些向量构成指标权重矩阵 $W_2=\left[W_1^4\ W_1^5\ W_1^6\right]^{\mathrm{T}}$。

Step3，确定每个专家的权重。

Step3.1，对给出 1～9 标度判断矩阵的 3 位专家，根据指标权重矩阵 $W_1=\left[W^1\ W^2\ W^3\right]^{\mathrm{T}}$，利用式(6.2)计算可得

$$D^1=0.35588,\quad D^2=0.52878,\quad D^3=0.74774$$

再利用式(6.6)求得 3 位专家的权重为

$$\beta_1=0.4601,\quad \beta_2=0.3167,\quad \beta_3=0.2232$$

Step3.2，对采用区间数构造判断矩阵的后 3 名专家，根据指标权重矩阵 $W_2=\left[W_1^4\ W_1^5\ W_1^6\right]^{\mathrm{T}}$，确定相对最优序列，即

$$\alpha_0 = (0.2275, 0.2376, 0.2411, 0.2938)$$

比较序列为

$$\alpha_4 = (0.3296, 0.3296, 0.1341, 0.2068)$$
$$\alpha_5 = (0.1356, 0.2057, 0.3342, 0.3245)$$
$$\alpha_6 = (0.2172, 0.1775, 0.2551, 0.3502)$$

按式(6.7)计算关联系数，即

$\xi(\alpha_0(1), \alpha_4(1)) = 0.41$,　$\xi(\alpha_0(1), \alpha_5(1)) = 0.4388$,　$\xi(\alpha_0(1), \alpha_6(1)) = 1$

$\xi(\alpha_0(2), \alpha_4(2)) = 0.4385$,　$\xi(\alpha_0(2), \alpha_5(2)) = 0.7471$,　$\xi(\alpha_0(2), \alpha_6(2)) = 0.5616$

$\xi(\alpha_0(3), \alpha_4(3)) = 0.3975$,　$\xi(\alpha_0(3), \alpha_5(3)) = 0.4406$,　$\xi(\alpha_0(3), \alpha_6(3)) = 0.9452$

$\xi(\alpha_0(4), \alpha_4(4)) = 0.4541$,　$\xi(\alpha_0(4), \alpha_5(4)) = 0.7577$,　$\xi(\alpha_0(4), \alpha_6(4)) = 0.5805$

按式(6.8)计算关联度，即 $R_{04} = 0.4250, R_{05} = 0.5961, R_{06} = 0.7718,$ 则按式(6.9)计算得到后 3 位专家的权重为 $\beta_{14} = 0.2371$，β_{15}=0.3325，β_{16}=0.4304。

Step4，按式(6.10)计算每个指标的权重，即 $W = \{0.3131, 0.3489, 0.1405, 0.1875\}$。

3. 结果分析

为了检验上述指标赋权的合理性，我们将本节提出的指标赋权方法和传统的单一专家决策的 AHP 进行比较。从邀请的 6 位专家中，分别选择两名利用 1～9 标度法给出判断矩阵的专家(记为专家 1 和专家 2)和两名利用区间数得到判断矩阵的专家(记为专家 3 和专家 4)，将 4 位专家给出的判断矩阵经过计算得到的指标权重与群体 AHP 得到的指标权重相比，如表 6.1 所示。

表 6.1　指标权重比较表

对象	平均功率	大线增益	信号带宽	时宽带宽积
专家群体	0.3131	0.3489	0.1405	0.1875
专家 1	0.3889	0.3889	0.0687	0.1535
专家 2	0.4673	0.2772	0.0161	0.0954
专家 3	0.1356	0.2057	0.3342	0.3245
专家 4	0.3296	0.3296	0.1341	0.2068

由此可知，由专家 1、专家 2、专家 4 通过 AHP 得到的指标权重与由群体 AHP 得到的综合指标权重相差不大，但是专家 3 得到的指标权重与综合指标权重差异明显，说明该指标权重显然与事实不符。若采用传统的 AHP 进行指标赋权，则容易受到决策专家个人偏好的影响，使评价结果与真实结果相偏离的情况。从计算结果看，本章所提方法对专家 3 赋予的权重为 0.2371，较其他几位专家的权重要

小，这表明本章所提方法通过对与群体意见相差明显的专家赋予较小的权重，可以减小该专家的判断对评价结果的负面效果。

6.2　基于二元语义的多属性群决策方法

为了对复杂混合信息进行处理，首先需要将其转化为统一量化方式。由于用特征值描述语言短语或模糊数本身就是一种近似替代，会不可避免地丢失大量信息，数值与语言短语之间一对一的转化也同样会丢失很多信息。同时，语言短语集具有离散性，对语言评价信息的集结结果不一定在给定的短语集中，从而造成不同程度的信息扭曲和丢失。为了解决语言信息运算过程中产生的失真问题，Herrera 等提出二元语义的概念[106]。根据信息的特点，我们采用基于二元语义形式的方法。

6.2.1　二元语义的定义及其运算规则

1. 二元语义的定义

二元语义作为表示连续语义信息的一种方法，由一个二元组组成，即 (s_i,α_i)[106,107]，其中 s_i 为给定语言评价集 $S=\{s_i\,|\,i=0,1,2,\cdots,g-1\}$ (g 为奇数)中的一个语言短语，$\alpha\in[-0.5,0.5)$ 为符号转移值，表示经过集结运算的语言信息与最贴近语言短语 s_i 之间的差别，g 为 S 的粒度。

g 的取值通常为 $3\leqslant g\leqslant 15$，例如当取 $g=9$ 时，自然语言评价集合 $S=${绝对差，非常差，很差，差，差不多，好，很好，非常好，绝对好}，可用简单形式描述为 $S=(s_0,s_1,\cdots,s_8)$。

一般地，语言评价集有如下性质。

① 有序性：$s_i>s_j$ 当且仅当 $i>j$。

② 逆运算：$\mathrm{Neg}(s_i)=s_j, j=g-i$。

③ 取大运算：$\max(s_i,s_j)=s_i$ 当且仅当 $s_i\geqslant s_j$。

④ 取小运算：$\min(s_i,s_j)=s_i$ 当且仅当 $s_i\leqslant s_j$。

2. 二元语义的运算规则

假设 (s_i,α_1) 和 (s_j,α_2) 是任意两个二元语义。

① 当 $i>j$ 时，有 $(s_i,\alpha_1)>(s_j,\alpha_2)$。当 $i=j$ 时，若 $\alpha_1>\alpha_2$，有 $(s_i,\alpha_1)>(s_j,\alpha_2)$；若 $\alpha_1=\alpha_2$，有 $(s_i,\alpha_1)=(s_j,\alpha_2)$；若 $\alpha_1<\alpha_2$，有 $(s_i,\alpha_1)<(s_j,\alpha_2)$。

② 若 $(s_i,\alpha_1)\geqslant(s_j,\alpha_2)$，有 $\max\{(s_i,\alpha_1),(s_j,\alpha_2)\}=(s_i,\alpha_1)$；若 $(s_i,\alpha_1)\leqslant(s_j,\alpha_2)$，

有 $\min\{(s_i,\alpha_1),(s_j,\alpha_2)\}=(s_i,\alpha_1)$。

③ 二元语义变量 $A:(s_i,\alpha_i)$ 与 $B:(s_j,\alpha_j)$ 的距离为

$$d(A,B)=\left|\Delta^{-1}(s_i,\alpha_i)-\Delta^{-1}(s_j,\alpha_j)\right|^q,\quad q>0 \tag{6.11}$$

④ 实数值与二元语义之间的乘法运算为

$$\lambda(s_i,\alpha)=\Delta(\lambda\Delta^{-1}(s_i,\alpha)),\quad \lambda\in[0,1] \tag{6.12}$$

式(6.11)和式(6.12)中的算子 Δ^{-1} 和 Δ 的定义如式(6.15)和(6.16)所示。

6.2.2　混合信息的二元语义转化

1. 自然语言的三角模糊数表示方法

对语言评价集 $S=(s_0,s_1,\cdots,s_{g-1})$，每个语言短语 $s_i\in S$ 的具体含义称为语言短语的语义，可以用数学的方法对语言短语进行近似的定量化描述。人们通常采用 $[0,1]$ 区间对称的三角模糊数或梯形模糊数表示语言短语 $s_i\in S$ 的语义。语言短语 $s_i\in S$ 转化为三角模糊数 $S=(a_i,b_i,c_i)$ 的方法如下，即

$$\begin{cases} a_0=0,\quad c_{g-1}=1 \\ a_i=\dfrac{i-1}{g-1},\quad 1\leqslant i\leqslant g-1 \\ b_i=\dfrac{i}{g-1},\quad 0\leqslant i\leqslant g-1 \\ c_i=\dfrac{i+1}{g-1},\quad 0\leqslant i\leqslant g-2 \end{cases} \tag{6.13}$$

2. 自然语言术语与二元语义的相互转化

定义 6.1[106]　设 $S=(s_0,s_1,\cdots,s_{g-1})$ 是一个语言评价集，$s_i\in S$，则 s_i 的二元语义可由转换函数 θ 得到，即

$$\begin{aligned} &\theta:\cdot S\to S\times[-0.5,0.5) \\ &\theta(s_i)=(s_i,0) \end{aligned} \tag{6.14}$$

定义 6.2[106]　设 $S=(s_0,s_1,\cdots,s_{g-1})$ 是一个语言评价集，$\beta\in[0,g-1]$ 是语言评价信息经某集结运算得到的实数，则与 β 对应的二元语义可由下面转换函数得到，即

$$\begin{aligned} &\Delta:[0,g-1]\to S\times[-0.5,0.5) \\ &\Delta(\beta)=\begin{cases} s_i, & i=\text{round}(\beta) \\ \alpha=\beta-i, & \alpha\in[-0.5,0.5) \end{cases} \end{aligned} \tag{6.15}$$

其中，round 为四舍五入取整算子。

定义 6.3[106] 设$S=(s_0,s_1,\cdots,s_{g-1})$为语言评价集，$(s_i,\alpha)$为其中一个二元语义信息, 则存在逆函数$\Delta^{-1}$可将二元语义转换成相应的数值$\beta\in[0,g-1]$，即

$$\begin{aligned}&\Delta^{-1}:S\times[-0.5,0.5)\to[0,g-1]\\&\Delta^{-1}(s_i,\alpha)=i+\alpha=\beta\end{aligned}\tag{6.16}$$

3. 模糊数与二元语义的相互转化

定义 6.4[96,97] 设I为实数、区间模糊数、三角模糊数、梯形模糊数等任一数值, $S=(s_0,s_1,\cdots,s_{g-1})$为语言评价值集合。通过下列映射可将$I$转化为二元语义集，即

$$\begin{aligned}&\tau:[0,1]\to F(S)\\&\tau:(I)=\{(s_i,\alpha_i)\mid i\in[0,1,\cdots,g-1]\}\\&\alpha_i=\max_y\min\{\mu_I(y),\mu_{s_i}(y)\}\end{aligned}\tag{6.17}$$

其中，$\mu_I(y)$和$\mu_{s_i}(y)$分别表示I和s_i的隶属函数。

定义 6.5[96,97] 令$\tau(I)=\{(s_0,\alpha_0),(s_1,\alpha_1),\cdots,(s_{g-1},\alpha_{g-1})\}$是不确定模糊数$I$的二元语义转化形式，通过映射$x$可将二元语义集$\tau(I)$转化为二元语义所代表的数值，即

$$\begin{aligned}&x:F(S)\to[0,g-1]\\&x(\tau(I))\\&=x(F(S))\\&=x[(s_j,\alpha_j),j=0,1,\cdots,g-1]\\&=\frac{\sum_{j=0}^{g-1}(j\alpha_j)}{\sum_{j=0}^{g-1}\alpha_j}=\beta\end{aligned}\tag{6.18}$$

这样便可参照以上定义将β转化为对应的二元语义形式。

6.2.3 基于二元语义的多属性群决策方法步骤

基于二元语义的多属性群决策方法的主要流程如图 6.2 所示。

该方法的核心思想是针对混合信息的决策矩阵，以二元语义为标准形式，首先将混合信息矩阵转化为二元语义决策矩阵形式，然后统一将二元语义决策矩阵转换为数值决策矩阵。其关键步骤可归纳如下。

Step1，根据需要解决的实际问题，确定评价目标；抽象出需要决策的有限方案集，确定评价对象；邀请相关领域的权威专家，评估专家在个人已有知识，

以及对方案作必要了解的基础上，对每个方案的指标给出基于实数、区间数、语言评价信息、模糊数等混合信息形式的矩阵 $R'^k=\left[r'^k_{ij}\right]_{m\times n}$ 。

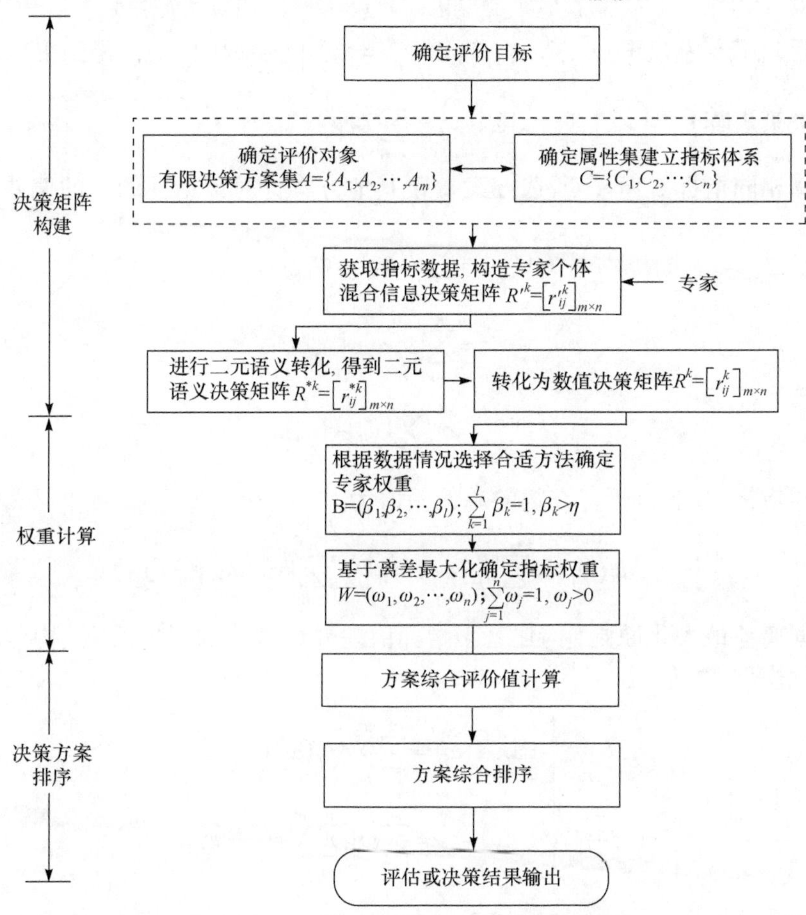

图 6.2　基于二元语义的多属性群决策方法的主要流程

Step2，采用式(6.14)、式(6.15)和式(6.17)，将混合信息决策矩阵转化为二元语义决策矩阵 $R^{*k}=\left[r^{*k}{}_{ij}\right]_{m\times n}$ ，再根据式(6.16)和式(6.18)将二元语义决策矩阵转换为数值决策矩阵，即 $R^k=\left[r^k{}_{ij}\right]_{m\times n}$ ， r^k_{ij} 是一个实数。

Step3，根据数据情况，确定专家权重，即 $B=\{\beta_1,\beta_2,\cdots,\beta_l\},\sum_{k=1}^{l}\beta_k-1$ 。

Step4，基于决策矩阵的离差最大化确定指标权重，即 $W=\{\omega_1,\omega_2,\cdots,\omega_n\}$，$\sum_{j=1}^{n}\omega_j=1,\omega_j>0$ 。

首先，采用改进的比例型无量纲化方法将 $R^k = \left[r^k{}_{ij} \right]_{m\times n}$ 规范化处理，得到规范化决策矩阵 $V^k = \left[v_{ij}^k \right]_{m\times n}$ ，$v_{ij}^k \in [0,1]$。

然后，用专家权重 $\{\beta_1, \beta_2, \cdots, \beta_l\}$ 对 $V^k = \left[v_{ij}^k \right]_{m\times n}$ 加权集结，得到集结各专家意见的决策矩阵 $V = \left[v_{ij} \right]_{m\times n}$，其中 $v_{ij} = \sum_{k=1}^{l} \beta_k v_{ij}^k$ 。

计算相同指标 C_j 下，所选方案 x_i 距其他方案针对该指标的总的偏差，即

$$\begin{aligned} d_{ij}(\omega_j) &= \sum_{t=1}^{m} d(\omega_j v_{ij}, \omega_j v_{tj}) \\ &= \sum_{t=1}^{m} | v_{ij}\omega_j - v_{tj}\omega_j |^q \\ &= \omega_j^q \sum_{t=1}^{m} | v_{ij} - v_{tj} |^q \end{aligned} \tag{6.19}$$

则在相同指标 C_j 下，所有方案的总偏差值为

$$d_j(\omega_j) = \sum_{i=1}^{m} d_{ij}(\omega_j) = w_j^q \sum_{i=1}^{m}\sum_{t=1}^{m} | v_{ij} - v_{tj} |^q \tag{6.20}$$

根据离差最大化原则，构建基于指标值差异最大化的规划模型，构建的非线性最优化模型[109]为

$$(M-1)\begin{cases} \max d(\omega) = \sum_{j=1}^{n}\sum_{i=1}^{m} d_{ij}(\omega_j) \\ \qquad\qquad = \sum_{j=1}^{n} \omega_j^q \sum_{i=1}^{m}\sum_{t=1}^{m} | v_{ij} - v_{tj} |^q \\ \text{s.t.} \ \sum_{j=1}^{n} \omega_j^p = 1, p > 1, p \neq q > 0 \end{cases} \tag{6.21}$$

对上述模型，可构建拉格朗日函数，即

$$L(\omega, \lambda) = \sum_{j=1}^{n} \omega_j^q \sum_{i=1}^{m}\sum_{t=1}^{m} | v_{ij} - v_{tj} |^q - \lambda \left(\sum_{j=1}^{n} \omega_j^p - 1 \right)$$

令 $\partial L(\omega,\lambda) / \partial \omega_j = 0, \forall j \in \{1,2,\cdots,n\}$，有

$$\frac{\partial L(\omega,\lambda)}{\partial \omega_j} = q\omega_j^{q-1} \sum_{i=1}^{m}\sum_{t=1}^{m} | v_{ij} - v_{tj} |^q - \lambda p \omega_j^{p-1} = 0 \tag{6.22}$$

可得

$$\lambda=\left[\sum_{j=1}^{n}\left(\frac{q}{p}\sum_{i=1}^{m}\sum_{t=1}^{m}|v_{ij}-v_{tj}|^{q}\right)^{\frac{p-q}{p}}\right]^{\frac{p-q}{p}}$$

将λ代入式(6.22)可得

$$\omega_j=\frac{\left(\sum_{i=1}^{m}\sum_{t=1}^{m}{}^{q}\right)^{1/(p-q)}}{\sum_{j=1}^{n}\left(\sum_{i=1}^{m}\sum_{t=1}^{m}\left|v_{ij}-v_{tj}\right|^{q}\right)^{1/(p-q)}} \tag{6.23}$$

从式(6.23)可以看出，指标权重是含有p和q两个未知参数的函数，参数值的变化将导致权重值的不同。为了体现专家之间偏好的差异且计算方便，令$q=2, p=4$，可得

$$\omega_j=\frac{\left(\sum_{i=1}^{m}\sum_{t=1}^{m}|v_{ij}-v_{tj}|^{2}\right)^{1/2}}{\sum_{j=1}^{n}\left(\sum_{i=1}^{m}\sum_{t=1}^{m}|v_{ij}-v_{tj}|^{2}\right)^{1/2}},\quad j\in\{1,2,\cdots,n\} \tag{6.24}$$

Step5，根据得到的指标权重向量$W=\{\omega_1,\omega_2,\cdots,\omega_n\}$，对专家意见集结得到的决策矩阵$V=\left[v_{ij}\right]_{m\times n}$按式(6.25)进行加权求和可以得到各方案的综合评价值$Z_i\ (i=1,2,\cdots,m)$，即

$$Z_i=\sum_{j=1}^{n}\omega_j v_{ij} \tag{6.25}$$

Step6，对方案的综合评价值进行大小比较并排序，选出最优方案。

6.2.4　算例分析

为了将提出的算法模型应用到实际中，下面举例进行验证。某国防部为提高防御能力，拟在 4 种导弹武器型号中挑选一种综合性能较强的装备。该国防部派具有权威性的专家组对这 4 种导弹进行综合考察，并给出决策信息，采用算法模型评选最佳的导弹型号。

首先，针对待定的几种型号导弹，参与决策的四名专家对其考察后进行相互比较，给出判断意见建立初始决策矩阵。同时令语言评价集合为$S=\{S_0,S_1,\cdots,S_8\}$，且S={绝对差，非常差，很差，差，一般，好，很好，非常好，绝对好}，采集原始数

据(模拟生成)整理如表 6.2～表 6.5 所示。

表 6.2 型号 B1 导弹战术指标值

专家	命中精度	弹头载荷	机动性能	价格	可靠性	可维修性
1	0.5	0.6	[0.5,0.8]	[0.3,0.5]	一般	很好
2	0.6	0.8	[0.6,0.9]	[0.2,0.4]	好	好
3	0.6	0.7	[0.5,0.7]	[0.5,0.5]	一般	好
4	0.7	0.8	[0.7,0.9]	[0.6,0.8]	好	好

表 6.3 型号 B2 导弹战术指标值

专家	命中精度	弹头载荷	机动性能	价格	可靠性	可维修性
1	0.4	0.7	[0.5,0.8]	[0.2,0.4]	一般	一般
2	0.5	0.6	[0.5,0.5]	[0.2,0.5]	好	好
3	0.6	0.6	[0.6,0.8]	[0.1,0.3]	一般	好
4	0.5	0.8	[0.7,0.9]	[0.1,0.4]	好	好

表 6.4 型号 B3 导弹战术指标值

专家	命中精度	弹头载荷	机动性能	价格	可靠性	可维修性
1	0.4	0.6	[0.6,0.8]	[0.1,0.4]	好	很好
2	0.5	0.7	[0.5,0.8]	[0.2,0.4]	好	好
3	0.6	0.8	[0.7,0.9]	[0.2,0.5]	很好	很好
4	0.5	0.6	[0.5,0.7]	[0.2,0.4]	一般	好

表 6.5 型号 B4 导弹战术指标值

专家	命中精度	弹头载荷	机动性能	价格	可靠性	可维修性
1	0.7	0.7	[0.7,0.9]	[0.3,0.5]	好	一般
2	0.8	0.8	[0.5,0.7]	[0.1,0.4]	好	很好
3	0.6	0.6	[0.5,0.5]	[0.2,0.4]	很好	好
4	0.7	0.8	[0.6,0.8]	[0.1,0.3]	一般	一般

据此可得各专家初始的基于混合信息的决策矩阵 $R'^k=\left[r'^k_{ij}\right]_{m\times n}$，按混合信息的二元语义转化方法，可将决策数据矩阵转化为二元语义形式的矩阵，即

$$R^{*1}=\begin{bmatrix}(s_4,0) & (s_5,-0.2) & (s_5,0.24) & (s_3,0.15) & (s_4,0) & (s_6,0)\\(s_5,-0.2) & (s_6,0.4) & (s_6,0) & (s_2,0.38) & (s_5,0) & (s_5,0)\\(s_5,-0.2) & (s_6,-0.4) & (s_5,-0.15) & (s_4,0) & (s_4,0) & (s_5,0)\\(s_6,-0.4) & (s_6,0.4) & (s_6,0.38) & (s_6,-0.38) & (s_5,0) & (s_5,0)\end{bmatrix}$$

$$R^{*2}=\begin{bmatrix}(s_3,0.2) & (s_6,-0.4) & (s_5,0.24) & (s_2,0.38) & (s_4,0) & (s_4,0)\\(s_4,0) & (s_5,-0.2) & (s_4,0) & (s_3,-0.24) & (s_5,0) & (s_5,0)\\(s_5,-0.2) & (s_5,-0.2) & (s_6,-0.38) & (s_2,-0.38) & (s_4,0) & (s_5,0)\\(s_4,0) & (s_6,0.4) & (s_6,0.38) & (s_2,0) & (s_5,0) & (s_5,0)\end{bmatrix}$$

$$R^{*3}=\begin{bmatrix}(s_3,0.4) & (s_5,-0.2) & (s_6,-0.38) & (s_2,0) & (s_5,0) & (s_6,0)\\(s_4,0) & (s_6,-0.4) & (s_5,0.24) & (s_2,0.38) & (s_5,0) & (s_5,0)\\(s_5,-0.2) & (s_6,0.4) & (s_6,0.38) & (s_3,-0.24) & (s_6,0) & (s_6,0)\\(s_4,0) & (s_5,-0.2) & (s_5,-0.15) & (s_2,0.38) & (s_4,0) & (s_5,0)\end{bmatrix}$$

$$R^{*4}=\begin{bmatrix}(s_6,-0.4) & (s_6,-0.4) & (s_6,0.38) & (s_3,0.15) & (s_5,0) & (s_4,0)\\(s_6,0.4) & (s_6,0.4) & (s_5,-0.15) & (s_2,0) & (s_5,0) & (s_6,0)\\(s_5,-0.2) & (s_5,-0.2) & (s_4,0) & (s_2,0.38) & (s_6,0) & (s_5,0)\\(s_6,-0.4) & (s_6,0.4) & (s_6,-0.38) & (s_2,-0.38) & (s_4,0) & (s_4,0)\end{bmatrix}$$

为了分析方便，这里直接给出四名专家的权重，即 $\beta_1=0.2242$、β_2=0.2742、β_3=0.2571、β_4=0.25 。

根据专家权重综合诸位专家意见，加权集结可得数值决策矩阵，即

$$R=\begin{bmatrix}4.034 & 5.216 & 5.62 & 2.65 & 4.5 & 4.96\\4.784 & 5.786 & 4.9825 & 2.387 & 5 & 5.25\\4.8 & 5.384 & 5.205 & 2.642 & 5 & 5.25\\4.768 & 6 & 5.81 & 2.832 & 4.5 & 4.75\end{bmatrix}$$

根据离差最大化法可求得各指标权重值，即 0.1333、0.1579、0.1、0.2068、0.1969、0.2052。按式(6.25)加权集结可得各方案综合评价值，即 4.3752、4.6050、4.6186、4.3752。

因此，根据评估值可得导弹各型号排序为 B3 > B4 > B2 > B1 。

6.3　本 章 小 结

本章针对初始决策数据为混合型信息的群决策问题进行研究,对基于混合信息的指标权重求解问题，采用区间数和 1～9 标度法结合的方式获取专家意见，结合 AHP 给出基于混合信息的指标权重求解方法，并将其应用于雷达导引头抗

干扰性能评估的指标赋权中。对基于混合信息决策矩阵的多属性群决策问题，提出将混合信息统一为二元语义形式，再由逆运算将二元语义转换为数值形式，得到数值形式的决策矩阵；构建指标权重的非线性最优化求解模型，求得指标权重，并通过加权求和得到方案综合评价值。算例分析表明，基于二元语义的多属性群决策方法能够减小在判断形式上对决策者的约束与限制，且混合型数据信息处理方法也可以降低信息丢失与扭曲的可能性。

第 7 章　总结与展望

多属性决策在经济、管理、军事，以及工程技术等领域有广泛的应用。目前已有不少多属性决策方法及其应用的研究成果，但如何将群决策方法移植到这些方法计算过程的研究相对较少，多属性群决策方法仍面临着专家权重求解、个体偏好信息集结，以及群决策结果的合理性分析等诸多问题。此外，由于决策者在经验积累、知识水平、个人偏好等方面存在差异性，以及事物的复杂性，专家往往很难以确定数值的形式给出评价意见，而是用模糊数、区间数、语言值等不确定信息形式表达其评价意见，这增加了决策算法处理的难度。围绕这些问题，本书的研究分为两部分：第一部分围绕如何将群决策方法移植到多属性决策方法的计算过程，对基于灰色关联分析的多属性群决策方法、基于 D-S 证据理论的多属性群决策方法，以及基于群体 AHP 的指标权重求解展开研究；第二部分围绕不确定信息的多属性群决问题，对基于区间直觉模糊数的多属性群决策方法和基于混合信息的多属性群决策方法展开研究。

7.1　主要工作与创新点

针对目前存在的几种典型关联度模型和指标无量纲化方法进行适用性分析，提出均值型和比例型指标无量纲化方法的改进方法，使其适用于更多的灰色关联度模型；提出灰色绝对和相对关联度的改进模型，使其适用于更多的数据分布情况。

针对专家评价意见集结的问题，研究如何将专家个体决策矩阵集结为群体决策矩阵，提出基于 OWA 算子的群决策矩阵构建方法。该方法用 OWA 算子集结专家个体决策矩阵获得初始群决策矩阵，并基于决策矩阵的偏离度分析调整专家权重，通过加权平均方式获得群决策矩阵。为了检验构建的多属性群决策矩阵的合理性，提出基于相对熵模型的群决策矩阵满意度分析方法，对不同群决策矩阵的合理性进行对比。

为了综合多个专家的知识和信息，增强决策结果的客观合理性，提出基于灰色关联的多属性群决策方法，将群决策方法移植到传统灰色关联分析方法。

为了进一步提高群决策结果的合理性，我们从信息融合角度提出几种基于 D-S 证据理论的专家权重调整方法，并构建过程集结方式和结果集结方式的基于证据理论的多属性群决策方法。算例分析结果表明，信息融合后的专家权重可以获得比之前对应方法更高的满意度。

构建基于过程集结方式和结果集结方式的群体 AHP 权重求解方法,获得基于群体决策的指标权重，从而以多个角度的集体智慧弥补个人知识和经验的不足。针对判断矩阵的特点，从一致性检验和相容性检验角度提出多种群体 AHP 的专家权重调整方法。为解决各种方法结果合理性对比的问题，研究并给出群体 AHP 中专家权重的相对合理性分析方法。

针对基于区间直觉模糊数的多属性群决策问题，引入区间直觉模糊数的信息熵来度量指标评估信息包含的犹豫度，并基于熵值大小确定指标权重。用灰色关联度度量各专家意见与群体意见的相似度，并在综合考虑专家意见与群体意见关联度最大化，以及信息熵最大化原理的基础上，建立规划模型，优化解得专家权重。根据得到的指标和专家权重，通过加权平均方式得到各综合评价值并进行方案排序。通过算例分析，验证所提方法的可行性。

针对实际决策中往往存在混合信息形式的问题，尝试对基于混合信息的多属性决策方法进行研究。在 AHP 中引入区间数判断矩阵，提出基于区间数和 1～9 标度判断矩阵的指标权重求解方法。对包含实数值、区间数、自然语言等混合信息形式的多属性群决策问题进行研究，提出基于二元语义的多属性群决策方法。算例分析表明，所提方法能够减少在判断形式上对决策者的约束与限制，且混合型数据信息处理方法也可以降低信息丢失与扭曲的可能性。

7.2 需要进一步研究的问题

未来需要进一步研究以下几方面问题。

1. 专家权重的确定问题

专家权重的确定对群决策结果有明显影响，因此专家权重的确定是多属性群决策方法面临的关键问题。本书从专家个体评价意见与群体意见的偏离性角度研究并提出若干专家权重调整方法，属于专家客观权重确定方法，下一步还需对专家主观权重的确定方法进行研究。与本书所提方法结合，以期能全面反映专家评价意见对群决策结果的作用和影响。此外，对基于聚类思想的专家组权重系数确定、专家权重的自适应调整等问题进行研究，以丰富和完善多属性群决策中的专家权重确定方法。

2. 群决策结果的可信度问题

多属性群决策结果的可信度问题是一个复杂而又关键的问题，目前关于这方面的研究成果并不多见，还没有形成统一的检验标准或方法。书中所提到的群决策矩阵满意度分析方法和群体 AHP 中专家权重的相对合理性分析方法，只是从某个侧面，在一定程度上对各种方法所得结果的相对合理性进行对比，因此还需要进一步完善群决策结果的可信度分析方法，并通过实际应用检验多属性群决策方法结果的合理性。

3. 基于不确定评价信息的多属性群决策问题

近年来，对不确定多属性决策的问题研究引起学术界广泛的关注。不确定性信息多以模糊数、区间数、语言值等形式给出，相比确定值，以这些形式表达的不确定信息更加符合人类思维的模糊性和不确定性，适合处理现代社会中的复杂性决策问题，值得深入研究。

参 考 文 献

[1] 魏世孝, 周献中. 多指标决策理论方法及其在 C3I 系统中的应用. 北京: 国防工业出版社, 1998.

[2] Peng Y, Wang G X, Shi Y. AMCDN: a fusion approach of MCDM methods to rank multiclass classification algorithms. Omega, 2011,39(6): 677-689.

[3] Barker T J, Zabinsky Z B. A multicriteria decision making model for reverse logistics using analytical hierarchy process. Omega, 2011, 39(5): 558-573.

[4] Franco L A, Lord E. Understangding multi-methodology: evaluating the perceived impact of mixing method for group budgetary decisions. Omega, 2011, 39(3): 362-372.

[5] Hwang C L, Yoon K. Multiple Attribute Decision Making-Methods and Applications: A State-of-the-Art Survey. New York: Springer-Verlag, 1981.

[6] 王敬, 陈志武, 何云. 基于 AHP 群决策的火炮内弹道方案评价. 火炮发射与控制学报, 2013, (4): 1-4.

[7] 陈岩. 基于语言信息的群决策理论与方法研究. 沈阳: 东北大学, 2009.

[8] 卫贵武. 权重信息不完全的二元语义多属性群决策方法. 系统工程与电子技术, 2008, 30(21): 273-277.

[9] 梁昌勇, 张恩桥, 戚筱雯. 一种评价信息不完全的混合型多属性群决等方法. 中国管理科学, 2009,17(4): 126-132.

[10] 何峻, 赵宏钟, 肖立, 等. 混合型多指标决策问题的序关系求解方法. 控制与决策, 2009, 24(4): 579-582.

[11] Herrera F, Martinez L. A 2-tuple fuzzy linguisticrepresent model for computing with words. IEEE Transactions on Fuzzy Systems, 2000, 8(6): 746-752.

[12] Herrera F, Martinez L. Managing non-homogeneo us information in group2 decision making. European Journal of Operational Research, 2005, 166(11): 115-132.

[13] Deng J L. The control problem of gray systems. Systems & Control Letter, 1982, 1(5): 288-294.

[14] 梅振国. 灰色绝对关联度及其计算方法. 系统工程, 1992, 10(5): 43-45.

[15] 唐武湘. T 型关联度及其计算方法. 数理统计与管理, 1995, 14(1): 34-37.

[16] 王清印. 灰色 B 型关联分析. 华中理工大学学报, 1987, 17(6): 77-82.

[17] 王清印, 赵秀恒. C 型关联分析. 华中理工大学学报, 1999, 27(3): 75-77.

[18] 党耀国. 灰色斜率关联度的研究. 农业系统科学与综合研究, 1994, 7(10): 331-337.

[19] 赵艳林, 韦树英, 梅占馨. 灰色欧几里得关联度. 广西大学学报, 1998, 23(1): 10-13.

[20] 熊和金, 陈绵云. 灰色关联度公式的几种拓广. 系统工程与电子技术, 2000, 22(1): 8-11.

[21] 骆文辉, 杨建军. 基于灰熵方法的综合评估. 指挥控制与仿真, 2008, 30(2): 74-77.

[22] 肖新平, 宋中民, 李峰. 灰技术基础及其应用. 北京: 科学出版社, 2005.

[23] 罗党. 三参数区间灰数信息下的决策方法. 系统工程理论与实践, 2009, 29(1): 124-130.

[24] 王会东, 刘培德, 李成栋, 等. 一种基于区间灰色梯形模糊数的多属性群决策方法. 内蒙古大学学报(自然科学版), 2014, 45(1): 51-57.

[25] 李晓冰, 徐扬, 邱小平. 不同语言值集下的多属性群决策方法. 计算机工程与应用, 2011, 47(22): 29-32.

[26] 郑庆利. 三种视角的灰色关联度性质、建模与应用研究. 南京: 南京航空航天大学, 2012.

[27] 储萍. 多属性决策若干方法研究. 杭州: 浙江工商大学, 2007.

[28] 樊治平, 李洪燕, 姜艳萍. 基于 OWA 算子的群决策方法的灵敏度分析. 东北大学学报(自然科学版), 2004, 25(11): 1114-1117.

[29] 周宏安, 刘三阳, 房向荣. 基于拓展C-OWGA算子得多属性群决策方法. 西北大学学报(自然科学版), 2007, 37(5): 689-693.

[30] 刘香芹, 陈侠, 张宏. 一种基于群体理想解得多属性群决策方法及其应用. 沈阳航空工业学院学报, 2007, 24(2): 38-41.

[31] 戴文战, 李久亮. 灰色多属性偏离靶心度群决策方法. 系统工程理论与实践, 2014, 34(3): 787-792.

[32] 巩在武, 李廉水, 罗慧, 等. 灰偏好信息群决策的相对熵集结方法. 系统工程与电子技术, 2010, 32(7): 1441-1444.

[33] 石福丽, 徐永平, 杨峰. 考虑专家偏好关联的群决策方法及其应用. 控制与决策, 2013, 28(3): 391-395.

[34] 吉建华. GAHP 中相容性问题与专家赋权方法的研究. 南宁: 广西大学, 2006.

[35] Yue Z L. A method for group decision-making based on determining weights of decision makers using TOPSIS. Applied Mathermatical Modelling, 2011, 35(4): 1926-1936.

[36] Yue Z L. Approach to group decision making based on determining the weights of experts by using projection method. Applied Mathermatical Modelling, 2012, 36(7): 2900-2910.

[37] 闫书丽, 刘思峰. 基于前景理论的群体灰靶决策方法. 控制与决策, 2014, 29(4): 673-678.

[38] 马永红, 周荣喜, 李振光. 基于离差最大化的决策者权重的确定方法. 北京工业大学学报, 2007, 34(2): 177-180.

[39] 万俊, 邢焕革, 张晓晖. 基于熵理论的多属性群决策专家权重的调整算法. 控制与决策, 2010, 25(6): 907-910.

[40] Xu Z S, Cai X Q. Nonlinear optimization models for multiple attribute group decision making with intuitionistic fuzzy information. International Journal of Intelligent Systems, 2010, 25: 489-513.

[41] 王晓杰, 魏翠萍, 郭婷婷. 基于交叉熵和熵的直觉模糊多属性群决策专家权重的确定. 曲阜师范大学学报, 2011, 37(3): 35-40.

[42] 刘东彪. 基于 D-S 证据理论的群决策方法研究. 太原: 山西财经大学, 2008.

[43] Heckerman D. Probabilistic interpretations for MYCIN's certainty factors. Uncertainty in Artificial Intelligence, 1986, 4: 167-196.

[44] Horvitz E, Heckerman D. The inconsistent use of measures of certainty in artificial intelligence research. Uncertainty in Artificial Intelligence, 1986, 4: 137-151.

[45] Suo B, Cheng Y S, Zeng C, et al. Computational intelligence approach for uncertainty quantification using evidence theory. Journal of Systems Engineering and Electronics, 2013, 24(2): 250-260.

[46] 孙青青, 李龙澍, 李学俊, 等. 基于粗糙集与证据理论的测试用例优化研究. 计算机应用研究, 2012, 29(7): 2534-2536.

[47] 李勇, 王德功, 杨佐龙. 模糊神经网络与证据理论的飞机目标敌我识别. 吉林大学学报(信息科学版), 2012, 30(1): 78-82.

[48] 闫利军, 吴彩鹏, 孙玉杰, 等. 基于模糊 AHP 和证据理论的混合决策模型.计算机工程与应用, 2013, 49(18): 232-236.

[49] 李特, 冯琦, 张堃. 基于熵权灰色关联和 D-S 证据理论的威胁评估. 计算机应用研究, 2013, 30(2):380-382.

[50] 张欣怡, 翟玉庆. 基于证据理论的信任模型中冲突证据. 山东大学学报(工学版), 2013, 43(1): 48-52.

[51] 郭金维, 蒲绪强, 高祥, 等. 一种改进的多目标决策指标权重计算方法. 西安电子科技大学学报, 2014, 41(6): 118-125.

[52] 刘杨, 陈亚哲, 李祥松. 基于层次分析法和熵值法的产品广义质量综合评价方法. 中国工程机械学报, 2009, 7(4): 494-498.

[53] 章志敏, 魏翠萍. 层次分析若干理论与应用研究. 曲阜师范大学学报, 2013, 39(1): 37-41.

[54] 刘钰, 董楠, 韩峰, 等. 群体 AHP 在复杂系统易损性分析中的应用. 数学的实践与认知, 2014, 44(8): 152-158.

[55] Shi Z, Zhu Q. Network selection based on multiple attribute decision making and group decision making for heterogeneous wireless networks. The Journal of China Universities of Posts and Telecommunications, 2012, 19(5): 92-98.

[56] 程昭, 王丽亚. 群 AHP 判断矩阵调整和群信息集结算法研究. 计算机工程, 2007, 33(7): 184-186.

[57] 刘万里, 刘三阳. AHP 中群决策判断矩阵的构造. 系统工程与电子技术, 2005, 27(11): 1907-1908.

[58] 黄德才, 李秉炎. AHP 中群决策的几何平均超传递近似法. 控制与决策, 2012, 27(5): 797-800.

[59] 李礼, 王立久. 基于灰色关联分析的专家群体判断一致性分析. 大连理工大学学报, 2011, 51(4): 599-603.

[60] 焦波, 黄赪东, 黄飞, 等. 一种基于最优可能满意度的群 AHP 判断矩阵集结方法. 控制与决策, 2013, 28(8): 1242-1246.

[61] 许亚军, 吴浩, 刘庆禄. 多属性决策中方案属性权重计算的相对熵模型. 指挥控制与仿真, 2012, 34(5): 18-20.

[62] 王敬, 陈志武. 武器系统综合能力的 AHP 群决策评价. 火力与指挥控制, 2012, 37(10): 182-184.

[63] Xu Z S, Cai X Q. Multi-person multi-attribute decision making models under intuitionistic fuzzy environment. Fuzzy Optimization Decision Making, 2007, 6: 221-236.

[64] Xu Z S. Consistency of interval fuzzy preference relations in group decision making. Applied Soft Computing, 2011, 11(5):3898-3909.

[65] 孙义, 黄海峰, 丁建华. 多属性群决策权重调整自适应算法. 计算工程与应用, 2014, 50(2): 35-38.

[66] Zadeh L A. Fuzzy sets. Information and Control, 1965, 8: 338-353.

[67] Atanassov K. Intuitionistic fuzzy sets . Fuzzy Sets and Systems, 1986, 20: 87-96.

[68] Gau W L, Buehrer D J. Vague sets . IEEE Transactions on Systems, Man, and Cybernetics, 1993, 23: 610-614.

[69] Meng F, Zhang Q, Cheng H. Approaches to multiple-criteria group decision making based on interval-valued intuitionistic fuzzy Choquet integral with respect to the generalized λ-Shapley index. Knowledge-Based Systems, 2013, 37: 237-249.

[70] Zhang X, Xu Z. Soft computing based on maximizing consensus and fuzzy TOPSIS approach to interval-valued intuitionistic fuzzy group decision making. Applied Soft Computing, 2015, 26: 42-56.

[71] Yue Z, Jia Y. An application of soft computing technique in group decision making under interval-valued intuitionistic fuzzy environment. Applied Soft Computing, 2013,13(5): 2490-2503.

[72] Gong Z W, Li L S, Forrest J, et al. The optimal priority models of the intuitionistic fuzzy preference relation and their application in selecting industries with higher meteorological sensitivity. Expert Systems with Applications, 2011, 38(4): 4394-4402.

[73] Wu J, Chiclana F. Non-dominance and attitudinal prioritization methods for intuitionistic and interval-valued intuitionistic fuzzy preference relations. Expert Systems with Applications, 2012, 39(18): 13409-13416.

[74] Wang Z J, Li K W. An interval-valued intuitionistic fuzzy multiattribute group decision making framework with incomplete preference over alternatives. Expert Systems with Applications, 2012, 39(18): 13509-13516.

[75] Burillo P, Bustince H. Entropy on intuitionistic fuzzy sets and on interval-valued fuzzy sets . Fuzzy Sets and Systems, 1996, 78(3): 305-316.

[76] 戚筱雯, 梁昌勇, 张恩桥, 等. 基于熵最大化的区间直觉模糊多属性群决策方法. 系统工程理论与实践, 2011, 31(10): 1940-1948.

[77] 廖貅武, 李垣, 董广茂. 一种处理语言评价信息的多属性群决策方法. 系统工程理论与实践, 2006, 26(9): 90-98.

[78] 朱宁宁, 朱建军, 丁叶, 等. 基于语言评价信息的快速集结方法研究. 中国管理科学, 2009, 17(4): 121-125.

[79] 徐泽水. 基于模糊语言评估和 GIOWA 算子的多属性群决策方法. 系统科学与数学, 2004, 24(2): 218-224.

[80] Li D F. Compromise ratio method for fuzzy multi-attribute group decision making . Applied Soft Computing, 2007, 7(3): 807-817.

[81] 戴跃强, 徐泽水, 李琰, 等. 语言信息评估新标度及其应用. 中国管理科学, 2008, 16(2): 145-149.

[82] Boran F E, Genc S, Kurt M, et al. A multi-criteria intuitionistic fuzzy groupdecision making for supplier selection with TOPSIS method. Expert Systems with Applications, 2009, 36(8): 11363-11368.

[83] Wei G W. A method for multiple attribute group decision making based on the ET-WG and ET-OWG operators with 2-tuple linguistic information. Experts Systems with Applications, 2010, 37(12): 7895-7900.

[84] Liu P D. A weighted aggregation operators multi-attribute group decision-making method based on interval-valued trapezoidal fuzzy numbers. Expert Systems with Applications, 2011, 38(1): 1053-1060.

[85] Marbini H, Tavana M. An extension of the electrel method for group decision-making under a fuzzy environment. Omega, 2011, 39(4): 373-386.

[86] 曹明霞. 灰色关联分析模型及其应用的研究. 南京: 南京航空航天大学, 2007.

[87] 付艳华, 基于证据理论的不确定多属性决策方法研究. 沈阳: 东北大学, 2010.

[88] 吴小欢. AHP 理论中关于判断矩阵问题研究. 南宁: 广西大学, 2006.

[89] 徐泽水. 区间直觉模糊信息的集成方法及其在决策中的应用. 控制与决策, 2007, 22(2): 215-219.

[90] 胡辉, 徐泽水. 基于 TOPSIS 的区间直觉模糊多指标决策法. 模糊系统与数学, 2007, 21(5): 108-112.

[91] 徐泽水, 陈剑. 一种基于区间直觉判断矩阵的群决策方法. 系统工程理论与实践, 2007, 27(4): 126-133.

[92] Wang Z J, Li K W, Wang W Z. An approach to multiattribute decision making with interval-valued intuitionistic fuzzy assessments and incomplete weights. Information Sciences, 2009, 179(17): 3026-3040.

[93] 冯筠. 基于区间层次分析法的网络安全评估研究. 数学的实践与认识, 2016, 46(5): 162-167.

[94] 韩二东, 郭鹏. 区间灰色不确定语言多属性群决策方法. 计算机科学与探索, 2016, 10(1): 90-102.

[95] 卫贵武. 权重信息不完全的区间型多属性群决策的一种新方法. 计算机集成制造系统, 2009, 15(4): 726-731.

[96] Herrera F, Martinez L. A model based on linguistic 2-tuples for dealing with multigranularity hierarchical linguistic contexis in multiexpert decision-making. IEEE Transactions on Systems, Man, and Cybernetics. Part B: Cybernetics, 2001, 31(2): 227-234.

[97] Herrera F, Martinez L. An approach for combining linguistic and numerical information based on 2-tuple fuzzy representation model in decision-making. International Journal of Uncertainty, Fuzziness and Knowledge-Based Systems, 2000, 8(5): 539-562.

[98] 卫贵武. 权重信息不完全的二元语义多属性群决策方法. 系统工程与电子技术, 2008, 30(21): 273-277.

[99] 戚筱雯, 梁昌勇, 黄永青, 等. 基于混合型评价矩阵的多属性群决策方法. 系统工程理论与实践, 2013, 33 (2): 473-481.

[100] 韩二东, 郭鹏. 二元语义处理不同偏好评价信息的群决策方法. 计算机工程与应用, 2015, 51(4): 35-40.

[101] 肖峻, 罗凤章, 王成山. 一种基于区间分析的电网规划项目决策方法. 电网技术, 2004, 28(7): 62-67.

[102] 郭辉, 徐浩军, 刘凌. 基于区间数的预警机作战效能评估研究. 系统工程与电子技术, 2010, 32(5): 1007-1011.

[103] Xiao X P, Song Z M, Li F. Grey Technical Foundation and Its Application. Beijing: Science Press, 2005.

[104] Liu S F, Dang Y G, Fang Z G, et al. Grey System Theory and Its Application. Beijing: Science Press, 2010.

[105] 来庆福. 反舰导弹雷达导引头抗舷外干扰技术研究. 长沙: 国防科技大学, 2011.

[106] 张学敏. 模糊多属性决策若干问题的研究与应用. 西安: 西安建筑科技大学, 2013.

[107] 丁勇, 梁昌勇, 朱俊红, 等. 群决策中基于二元语义的主客观权重集成方法. 中国管理科学, 2010, 18(5): 165-170.

[108] 张震, 郭崇慧. 一种基于二元语义信息处理的多属性群决策方法. 控制与决策, 2011, 26(12): 1881-1884.

[109] 郭清娥, 苏兵. 离差最大化时基于交叉评价的多指标决策方法.运筹与管理, 2015, 24(5): 75-82.